袁仲安編著

萬里機構．飲食天地出版社出版

對本土食材奉行返璞歸真的理念，回歸自然，這正是驅使我編寫這書的誘因。放眼本土種植和飼養禽畜等原材料，看似獨立卻關係密切，加上近年不斷與有機農友、認証機構、官方組織等聚匯交流，繼而大膽地將舊有一套生產程序，配合環境因素，繼而把各式各樣的漁農生產運作模式，合而為一，產生慳地和物盡其用的建築物概念。簡短而言，意謂把不同單位的生產過程，集合於同一所建築物，按其特質分層生產。最上層應屬水耕種植，產物為瓜果、蔬菜、五穀、根莖以及香料等互採用輪耕法處理。中層就可以養雞、鴿、鵝和鴨等家禽。下層則飼養豬和羊等牲畜，至於最底層則可養殖魚、蝦和鮑魚等水產。事實上，更可在陰暗地區發芽菜、培養菜苗和種植菇菌，最後在地底下用作生物分解、生態循環及環保系統。分層運作的好處有利節省空間和把生產過程的剩餘廢物轉化利用，易於操控，貼合現今流行的低碳、資源重用或廢物重生的環保概念。再者，食品安全和驗測認證等非強制性規範，有助這運作理念達以事半功倍的成功，繼而得到商業獲利和減低成本的三贏局面。

俗語說“病從口入”，食品安全漸受重視，為了確保人類吃得安心，從食物根源管理最為重要，確保動植物本體不受病害入侵，對農藥獸藥及除害劑應用等，格外小心，予以記錄，方便查証，與此同時，政府會給予業界基本守則，要是遇上突發事件，會組織不同界別人士作特種小組研究和跟進，以確保本地食物的安全性標準。

前言

在檢測認證方面處於優勢，首先我們的法規健全，制度廉潔，不易做假。事實上從驗測、審查、認證等過程，利用高科技的測試儀器和國際標準水平評審產品，可信性很高，令人信服。在資源利用上，各種元素和有機物質的使用率得到提升和更有效的多重利用，碳排放及能源浪費亦大幅降低。至於商業效益方面，一方面可利用最少土地而建立出最大的漁農生產空間以符合最高效益的產業管理；另一方面是市場管理和品牌創立俱問鼎世界的領導地位，因為慳水、省能源和減損耗，並借助自然循環和生命力量創造經濟傳奇。近年，現代農民採用水耕法，已不用望天打掛運作，甚至可因應需求而種植農作物，輕鬆得多了。日常操作轉為電腦化控制，例如光照、灑水、施肥等以中央系統控制，只要輸入正確數據資料，它便會按時執行指令運作，減省人手。

以上所述不是天方夜譚的空想，因為香港漁農業界的精英正朝這方面努力研究，期望本地農業能開創新天地，落實超現代的漁農禽畜業新趨勢，這理念也可引伸到軍事、太空、海底、人工島或浮動城市等其他領域。

袁仲安

目錄

種植蔬果

綠葉類

花菜類

VEGETABLE & FRUIT

果類

瓜豆類

VEGETABLE & FRUIT

VEGETABLE & FRUIT

根莖類

水果類

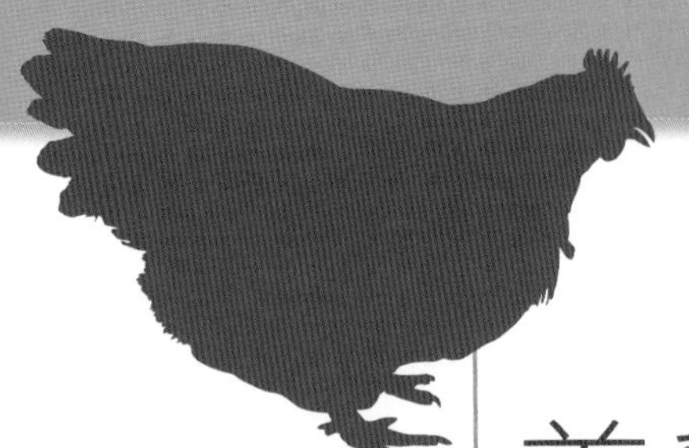

養雞與綠生活

CHICKEN

養豬與綠生活

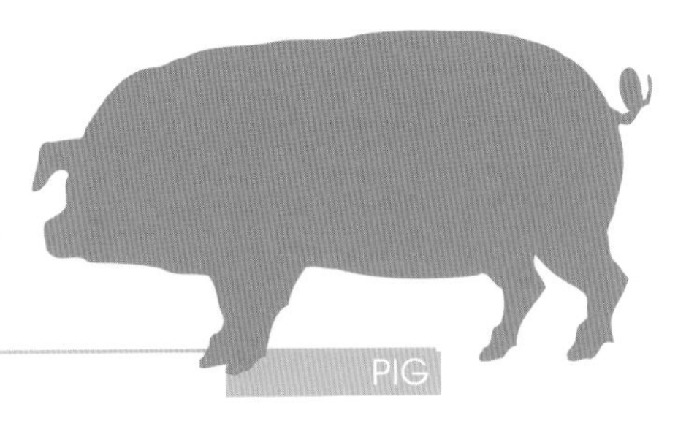

PIG

牛奶與綠生活

Milk

附錄

APPENDIX

墟期到，趕趁墟，尋找好食材！

區
盬田
Yan Tian
羅湖
Luo Hu
Sham Chun River
蓮麻坑
Lin Ma Hang
沙頭角
Sha Tau Kok
沙頭角
Sha Tau Kok
文錦渡
Man Kam To
打鼓嶺
Ta Kwu Ling
羅湖
Lo Wu
上水
Sheung Shui
鹿頸
Luk Keng
④
石湖墟
古洞
Kwu Tung
粉嶺
Fan Ling
聯和墟
八仙嶺郊野公園
Pat Sin Leng Country Park
八仙嶺
九龍坑山
Kau Lung Hang Shan
船灣
Shuen Wan
大埔
Tai Po
馬屎
盬田仔
Yim Tin Tsai
大埔滘
Tai Po Kau
沙田海
Sha Tin Hoi
大埔滘
自然護理區
Tai Po Kau Nature Reserve
大帽山郊野公園
Tai Mo Shan Country Park
大帽山
Tai Mo Shan
草山
Grassy Hill
城門郊野公園
Shing Mun Country Park
城門水塘
Jubilee(Shing Mun) Reservoir
圖例
養雞場
養豬場
菜田
休閒農場

種植蔬果

本地出產的蔬菜果物，稱為「新界菜」或「本地菜」，佔香港的蔬果總量3%，物以罕為貴，價格不平宜，但質優兼新鮮，頗受用家垂青。一般本地菜分為葉菜類、瓜果類、豆類、根莖類和香草類。

香港耕地雖小，大部份採用人手和精耕法，但亦顧及了減碳和環保概念運作，秉持生態平衡，減少資源耗損，與自然和諧並存，保護生物多樣性，物盡其用。

傳統耕種（一般農產品）

1 翻土，插菜苗。

2 借用電力水泵水管灑水淋菜，減省人手，但有些地方還是用人手補給水份。

3 在水池旁種植物有助改善水質。

4 矜貴作物會移入防風棚避免遭受狂風暴兩打擊，架構原理有點像溫室，只是比較簡陋。

5 成長中的生菜苗。

6 成熟的生菜。

水耕種植(試驗中，主要是外國沙律菜，一站封閉式運作)

1 種籽發芽。

2 種籽發芽後放進培育架成長為幼苗，每層架上均設有慳電的光管，每天照燈14小時。

3 利用機構方法輸送液態肥料到各採架，提供植物所需養份，乾淨衛生，減省人手操作。

4 按菜苗的成長期逐架移上，直至變成熟。

5 成熟的沙律菜收割，直接去掉菜根，由專人摘取包裝。

6 包裝後的沙律菜。

註：1. 資料來源由蔬菜統營處提供

2. 水耕種植(圖1)和售賣蔬菜與綠生活廚餘機相片由蔬菜統營處提供

唔講你唔知

水耕種植法是採納全環控水耕技術的概念，採用全封閉潔淨空間，提供穩定的溫度、濕度、二氧化碳濃度和養份，灌溉和種植蔬菜，好處是不受地域及氣候所限的農業生產技術，初建成本比較高，但產量穩定，耗損量比較低，無農藥和重金屬污染，應用太陽能和LED技術控制光源發電。

蔬菜統營處的賣買蔬菜流程

蔬菜統營處於批發場扮演中介人角色，協助賣買雙方交易，也會酌量收取費用作營運行政費用，以及幫助統籌和管理，也會做簡單樣本檢測和推廣等工作。

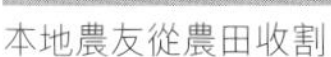

本地農友從農田收割

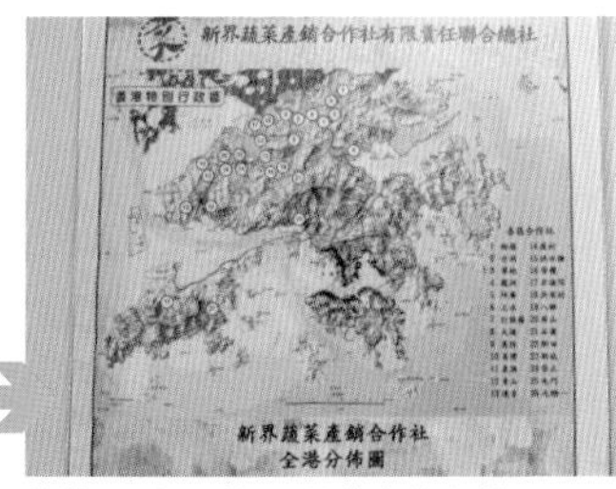

然後分別運到新界蔬菜產收集站

收集回來的蔬菜會按場內分區放置，待賣手揀選

賣手可在場內顯示牌看價進行拍賣入貨

由場內工作人員秤菜後於場內盛載

根據場內的單據，到上落貨區取貨

屬批發場內運送蔬菜專用的搬運拉車

再把貨品拉到停車場上落貨，所以這裏空間特別大

註：圖2的地圖資料由新界蔬菜產銷合作社有限責任聯合總社提供。

蔬菜統營處每天例行抽樣檢查的流程

卸下蔬菜時，蔬菜統營處會抽查蔬菜作初步檢驗。（把樣本按產區分配）。

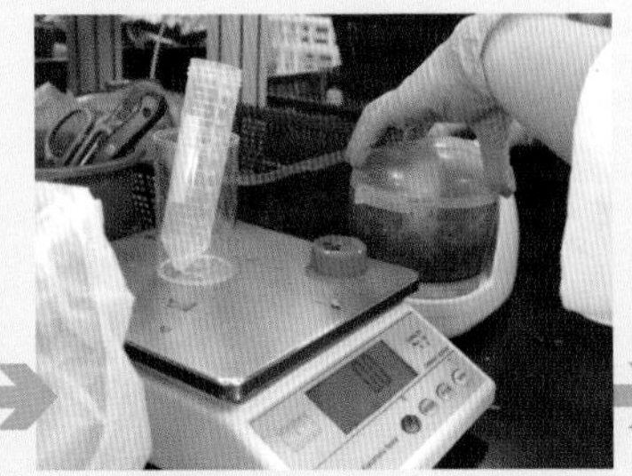

放進攪拌機攪碎。

準確量度份量。

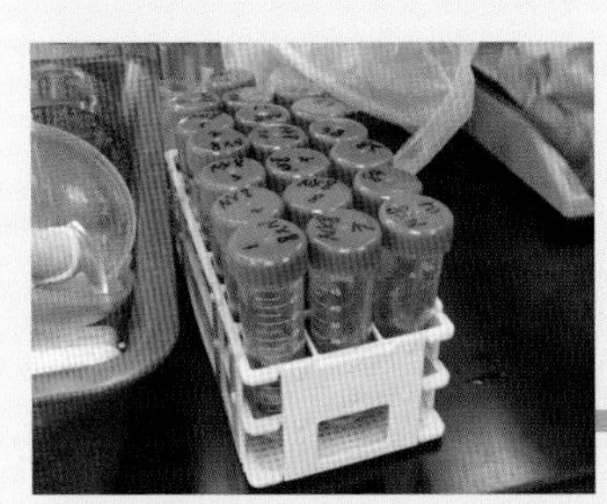

放進試管，標誌記號。

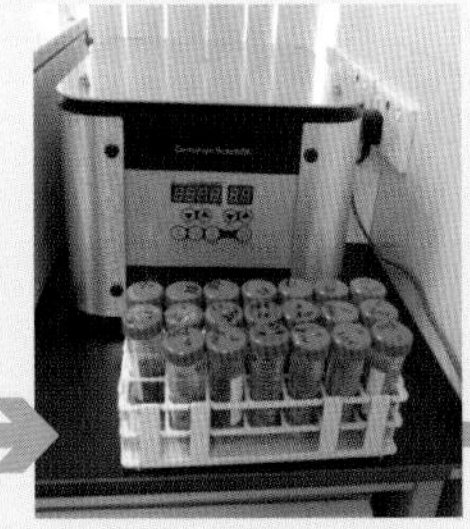

放入測試機檢測。

或放入光譜儀進行更深研的檢查機器。

資料來源由蔬菜統營處提供

香港蔬菜的簡史

50年代

50年代的新界人士多以務農為主，沿海地區則是漁村，鑑於當年有大量中國新移民來香港生活，提供了廉價勞動力開闢新農地，要知農耕需要大量人手、耕田用具等，他們均有豐富知識和年輕力壯，造就農耕事業非常蓬勃。

回說新界地形，屬平原及低窪地多，水源充足，非常適合種植稻米，當時最出名的算是元朗絲苗米(最少有兩個品種，其中一種叫做老鼠牙，屬油粘米)，它是香港人最愛的米食。

50~60年代，絲苗米的出產數量足以供應本地人口外，還可有餘糧輸出南洋銷售，賺點外匯。那時本地農戶一般會將作物運送到附近菜站作批銷或親身到墟市售賣，補貼家計。

70年代中期

到了70年代中期，政府推行新界都市化發展，建設新市鎮，造成農地減少，大量鄉村勞動力流失，因此稻米種植亦大減。與此同時，中國改革開放吸引了一些農民北移中國發展，加上中國特區蔬菜輸入本港，此消彼長的情況下，直接衝擊着本港農產市場，因而影響到本地農產品的價格和利潤急降。避免與國內蔬菜的正面競爭，政府加強本地農民的服務及福利，調整本地蔬菜種植的品種和時間。

唔講你唔知

農田仍然以'斗'作量度農田面積單位，一斗即7260平方呎，傳統說是種滿一斗容器的殼子的面積範圍，而一畝地等於7000平方呎。

90至千禧年代

直到90年代，很多農地都改為貨櫃場及興建房屋，加上租金上漲，元朗過去盛產的絲苗米漸漸失傳。及後，農業亦開始走向現代化，以犁田機，自動灑水系統等取代全人力操作，銷售亦趨於多元化。

香港人追求健康飲食，千禧年香港推行有機耕作模式，進一步提升蔬菜質素及環保意識，並支持農業可持續發展業務。時代科技進步，一些農場的種植技術和耕種模式都不斷提升及轉型，例如使用溫室、無土水種、都市農莊、自摘農場迎運而生，引入多種非常受歡迎的蔬果，例如士多啤梨、西瓜、蜜瓜、網紋瓜、小青瓜、不同種類的番茄等等，至於無花果、火龍果、洛神花、香草、小南瓜、沙律生及迷你冬瓜等亦是農民常種的農產品，迎合客人的需要。本地設有一些農墟售買點、超市、街市、互聯網等都能選購得到本地有機和優質蔬果。

80年代中期

80年代中期經濟急速發展和轉型，新界農地改為貨櫃場，其後地發展鐵路，農地大幅減少。漁農署(現漁農自然護理署)由美國引進金銀超甜栗米、西生菜、西蘭花等優質品種，耤以提升本地菜的競爭力。隨後更把產品多元化如引入馬蹄、蘿蔔、花生等，眼見成功，於是漸漸加入種植葉菜類，如菜心、芥蘭、芥菜、白菜、菠菜、莧菜及瓜豆類，透過先進科技，某些農場改種入口品種，如車厘茄、秋葵、茴香、芫茜、西芹、椰菜花、意大利生菜、紅菜頭、魚翅瓜等高檔蔬菜來迎合市場。當中有些經雜交或變種的產品更變成香港原種。

新界區域擁有各自的水土及地理優勢，產出聞名的本地蔬菜，例如元朗馬田村的蘿蔔，農田因以砂土為，又得到大棠水塘水流作灌溉，蘿蔔甜而多汁；粉嶺鶴藪村的白菜清甜亦是同等道理；元朗洪水橋西芹出名翠綠，肉質幼嫩多水，原因當年這處是雞鴨鵝和豬場的集中地，農民會用山上流經的水坑水作灌溉；川龍村的西洋菜，它位於大帽山山腰谷地，山水清涼及高養份，有濕冷的霧氣，非常適合西洋菜生長，種出的西洋菜清甜爽脆；打鼓嶺以種植雷公鑿苦瓜聞名，上水及古洞以種植白豆角、莧菜、馬齒莧、莴筍、白水葱、青通和荷塘芥蘭聞名。

同時地，本港曾發生由國內流入嚴重違禁農藥污染的蔬菜，令市民對蔬菜食用安全意識加強，本地出品的蔬菜以種類多樣化、新鮮、安全見稱，漸漸被受重視。

菜芯

綠葉類

Flowering Chinese cabbage

學名 *Brassica parachinensis* Bailey
粵音 Choi Sum
別名 台灣稱菜籽、蕓薹、菜薹、油菜

當造月份
1 2 3 4 5 6 7 8 9 10 11 12
● 全年均有，尤以秋、冬兩季，即約陽曆9月至翌年4月最佳。

分佈：廣東、廣西、台灣、香港、澳門等地區。

菜葉：
深綠色，葉片呈圓或尖長，尤以尖長葉片較佳

花形：
黃色小花，呈十字型花冠，由4片相對花瓣組成，叢生密集

外形：
顏色由白綠至青色不等，挺直

色澤：
葉莖色澤青翠至接近淺綠色

味道：脸甜、清爽

品種 / 類型

菜棵（paul 音），又稱半棵芯，花蕾未開，其芯只得全菜的 1/3 或 1/2 的長度，吃葉為主。

菜遠是整條菜最柔軟部份。一般以 3 吋芯為主，但 3~5 吋的長度也可接受，只要夠嫩口無渣便算。但有時會因下種季節適合就會長出。

菜芯的花開了，表示該菜會開始變老及硬，再不食用則不夠嫩滑美味。

註：1. 蕭江菜芯在當造時原菜會有坑紋，現爆口。
2. 横衣菜芯是收割了菜芯的主幹後，向横生長的側芽，如果養份充裕，亦可有正芯般大小。
3. 菜芯的生長成熟期，在夏天約49日，當其生長至40日時，菜葉會因葉黃素而菜葉變黃；及後，待葉綠素貯存足量時，就會變為綠色，過時的老菜就會變墨綠色。冬天時，因天氣轉冷，溫度低，成長期變緩，成熟菜約需時60日、70日或80日。

選購貼士

莖部如食指般粗幼，葉柄貼近莖部；菜花在含苞狀態，尚未開花者較嫩較軟；葉片狹窄而修長且帶有油質感，放在手裏有柔軟感的為上品，味道較甜。

貯存期

用保鮮袋封好，置雪櫃內約1星期左右。

處理

將菜芯浸泡在水中約45分鐘，讓蝸蟲浮出來，再在流水下沖洗數次。

營養

- 菜芯屬高鉀低鈉植物，而鉀能調節細胞液的滲透壓(Osomotic Pressure)，調節pH值，維持神經、肌肉的興奮性。
- 鋅(Zinc)是人體生長必需元素，有助細胞修復，抑制微量元素鎘，並對少兒血管的損傷有修復作用。
- 含有17種氨基酸(Amino Acid)，其中以穀氨酸(Glutamic Acid)的含量最高，亦是鮮味物質的主源。
- 穀氨酸能在人體內與血氨結合，形成對身體無害的谷氨酰胺(Glutamine)，解除代謝組織的過程中所產生的氨毒害作用，繼而參與腦組織代謝，使腦機能活躍。

料理達人傳功

炒一碟靚菜，需要用大火把鑊燒熱，下點油，倒入菜芯，立即灑入適量水份，蓋上鑊蓋以中火焗約1~2分鐘，蓋鑊時間不能太久令菜變黃變韌，不夠脆口；時間太短，菜又不夠脸軟，仍處於生的狀況。炒菜秘訣就是時間掌握剛好，菜脸甜又翠綠。家庭式炒菜，不趕時間，宜用生炒方法，不要先焯後炒，令味道失真又不爽脆，兼不夠鑊氣。

唔講你唔知

老了的菜芯，花梗不斷升高，沒有菜葉，待花凋謝後才會結籽。

菜農會把菜芯任其開花結籽，種籽會藏在果實裏，留待日後種植。

按照菜的品種而分有45天、60天、80天菜芯，可憑菜葉大小分辨。

芥蘭

綠葉類

Chinese kale

學名 *Brassica alboglabra* Bailey

粵音 Kai Lan

別名 芥藍、蓋菜、甘藍菜

當造月份 1 2 3 4 10 11 12

● 每年10月至翌年4月，冬、春二季的蔬菜。

菜葉：
菜片邊緣呈波狀或有小齒，葉大如菘，圓形葉柄，全長呈倒卵形，鋪有一層薄銀白色，可京放露珠

色澤：
葉莖色藍，墨綠色而鋪有銀霜似的果粉

外形：
莖粗壯、直立，分枝性強和挺直，單棵長度20厘米，葉梗尚光滑幼嫩

花形：
十字花科，以白花為主，偶有黃花(稱為黃花芥蘭，B. alboglobra var. acephala)

味道 / 質感：空心質脆，葉嫩味甜，偶有苦澀

分佈：原產於中國廣東省，廣泛在華南地區種植，甚至推延到北方各省，近年還傳入日本、東南亞、歐洲和美洲。

品種 / 類型

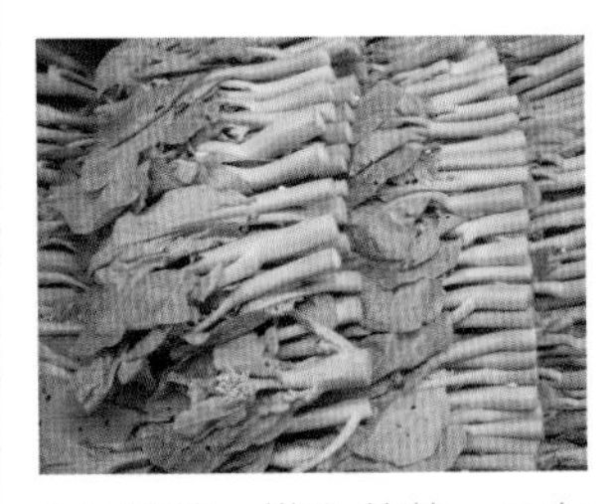

3吋芥蘭，橫衣芥蘭，只有約3吋長，菜梗嫩綠柔軟，葉嬌嫩而幼小，全菜皆吃。

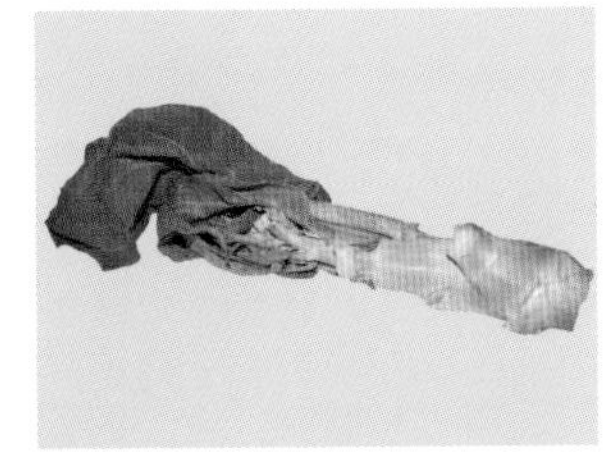

荷塘芥蘭，菜農會以手拗斷，導致梗莖口不平滑，梗粗約2~3厘米不等，有粗硬皮，必須剝掉硬皮方可食用，否則難於咀嚼，經去掉硬皮，其菜梗爽脆清甜，以吃菜梗為主，菜葉不多。

未開花的的芥蘭，新鮮兼質感幼滑。

註：1. 夏天也有芥蘭出產，只是有多枝和橫枝。
2. 子葉一般與真葉有分別。

選購貼士

莖身適中(如莖身太粗，外皮粗硬，不夠嫩口)，葉片完整肥厚，葉梗光滑幼嫩，無變黃凋萎或蟲口，花蕾未開。

貯存期

即買即食，就算用保鮮紙包好放入雪櫃冷藏，應在3天內食用，否則會老化和枯萎。

處理

芥蘭比較粗硬，需要在烹煮前去掉莖皮，留下嫩葉和莖心部份食用。

營養

- 維他命K是人體凝血機制(Coagulation Mechanism)的重要元素，可防止傷口流血不止。
- 纖維容易消化，對消化性潰瘍疼痛，具食療功效，尤其是有便秘、熱氣或老少皆適合。
- 鈣質有助強化骨骼和預防骨質疏鬆症。
- 長期食用有可能抑制性激素(Sex Hormones)的分泌，對孕婦及某些人則不宜多吃。

料理達人傳功

不同品種的芥蘭，烹調略有不同，但主要是以吃菜梗為主，如荷塘芥蘭或粗柄梗的芥蘭，其外衣比較硬，需要用刨削去堅硬部份，飛水去掉苦味兼比較脍軟，然後切厚片，以薑汁酒大火爆炒；但因其味道帶點苦澀，需要加點糖調味，平衡苦味。至於3吋菜薳，就以白焯或爆炒為主，貪其翠嫩沒有硬皮。

唔講你唔知

芥蘭花是白色為主，任其凋謝結籽，作留種之用。

一般情況，芥蘭由種籽種出來，所見的幼苗與成熟的葉形一樣，只是大小不同。

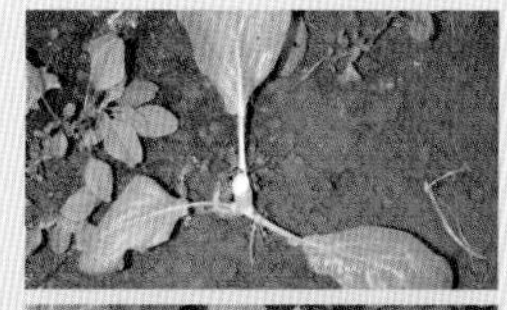

芥蘭割掉正菜後，留下底葉繼續生長，新長出來的芥蘭便從橫枝再生，如是者割後再生。

蕹菜

當造月份

4
5
6
7
8
9

●每年4月至9月，春末至秋下，尤以盛夏最佳。

Water spinach

綠葉類

學名	*Ipomoea aquatica* Forsk.
粵音	Tung Choi
別名	通菜、空心菜、抽筋菜、青通菜(旱蕹)、白通菜(水蕹)、竹葉菜、藤菜

外形：
莖呈圓柱形，中間通空，有節，故又稱「空心菜」

色澤：
從黃青綠色至深綠色都有，水蕹為淡綠白至黃青綠色；旱蕹或地蕹則是深綠色

菜葉：
葉互生，長三角形，先端短尖或心形

花形：
旋花科，經常看到花蕾，貯於花芯位置

味道：味道獨特，菜味濃郁，菜汁少但味道豐富

分佈：原產於中國和印度。現廣泛分佈於亞洲熱帶地區。中國以華南和西南栽培較多，廣東珠江三角洲栽種者多為「水蕹」，潮汕地區栽種者多為「旱蕹」。

選購貼士

梗青綠色，新鮮飽滿，莖薄脆，色澤光亮，沒鬚根。

貯存期

蕹菜質感嬌柔，容易折斷或變瘀，即買即煮，新鮮享用，置於陰涼處存放不要超過3天，或用保鮮紙封好置於雪櫃內，可保存約3天左右。

處理

先放入淡鹽水浸泡10分鐘，不能太耐，容易令菜葉變腐，最好逐梗清洗，如是水蕹，恐有水蛭或蝸牛小物，或是有腐葉，必須小心處理。

營養

- 有醫學報告指蕹菜有解食物中毒、治療糖尿病的療效，全菜可入藥。
- 根可作醫藥材用，因其含有抗動物毒素的功效，只要將蕹菜渣汁外敷傷口處，便能避免體內中毒，更具有緩解疼痛的作用。

料理達人傳功

起鑊前先放多點油，燒至冒煙，下蒜茸和辣椒茸，再放入腐乳/蝦醬/豆醬/破布子，倒入蕹菜以大火、快炒，扒開蕹菜，讓其直接受熱，不要蓋鑊蓋，下點糖和鹽保持色澤和平衡醬料的味道，家庭烹調以量少容易操控，多油猛火快炒是關鍵。

品種 / 類型

旱蕹以葉序的大小，嬌嫩的菜梗脆弱易斷，頂葉尖細，其他葉片大小不一。

水蕹則以淡青綠有點泛白，割口爆脆微捲，管短多葉，梗管飽滿薄脆，沒有花苔和鬚根。

唔講你唔知

蕹菜成熟後可不停收割，且有橫枝不斷生長，如果不收割就會開花結子。

莧菜

綠葉類

Edible amaranth, Chinese Amaranth

學名	*Amaranthus mangostanus* L.
粵音	Yin Choi
別名	白莧菜、青莧菜

外形：
莧菜植株形態，可分為直立型、半匍匐型和匍匐型三種

色澤：
自莖部份枝，表面似圓柱形光滑，莖呈淡綠、綠、淡紅至暗紅色，葉柄極短

菜葉：
葉形多樣，有圓葉形、卵圓形和尖葉形

味道：口感粗糙，帶草腥味，偶會含苦

選購貼士

應選嫩身多葉，葉片完整，葉片色澤柔潤呈翠綠色，莖部短而肥厚且細嫩，新鮮而不枯萎。

貯存期

保鮮紙封好置放於雪櫃內，保存期約為2至3天。

處理

將根部切除，浸泡在清水中約45分鐘，把葉片張開後用流水清洗。

營養

莧菜富含豐富鈣質，有助強化骨骼組織結構，預防骨質疏鬆症，還有鐵質、胡蘿蔔素、維他命B雜和維他命C等。

料理達人傳功

白莧菜會揀取幼嫩的部份以蒜茸炒。若是比較老而帶渣就會作滾煮軟化纖維組織，故會多於點油炒或煮，以油潤菜葉和梗，入口變嫩軟。

當造月份
● 每年4月至10月，大以6至7月最佳。

4 5 6 7 8 9 10

分佈：原產於印度。中國自古已作為蔬菜栽培。

品種／類型

有紅葉莧菜或綠葉而內裏有大片紅痕，味道濃郁，滾湯烹煮會把液汁染紅，比白莧菜少了點草腥味道。

唔講你唔知

單棵長度18~20厘米，無破葉老葉蟲葉，色澤佳，質地脆嫩，無斷裂，無水傷，無腐爛，無病蟲害及其他傷害。

白菜

綠葉類

Chinese white cabbage

學名	*Brassica chinensis* L.
粵音	Pak Choi
別名	白菜仔、小白菜、青菜、江門白菜、不結球白菜、鶴藪

當造月份 1 2 3 4 5 6 7 8 9 10 11 12

● 全年均有，但每年10月至翌年4月就最好菜味。

分佈：原產於中國，尤以廣州最著名，台灣和香港均有。

色澤：
綠白分明，菜葉深綠至青綠，不浸水時顏色暗綠，但當浸水後全菜變亮麗

菜葉：
冬季的葉片呈綠色、葉柄為白色，大棵白菜最普遍；夏秋的葉片和葉柄均呈淡綠色，小棵白菜，其葉片是深綠色倒卵形，堅挺又光滑亮澤，莖部雪白

外形：
單棵均勻，柄梗肥大堅挺，葉綠莖白，匙形菜葉，葉片完整，不枯萎

花形：
十字花科，黃色小花

味道：鶴藪種，清甜腍軟，軟滑幼嫩；大白菜腍軟，菜味濃；小鶴藪爽脆清甜

品種 / 類型

小鶴藪，只有3~4吋長，身長纖瘦，菜柄綠白分明，葉莖幼嫩，爽脆清甜，沒有明顯花蕾，純葉菜。

鶴藪，又稱矮腳白菜或鶴藪白，肥肥矮矮，菜柄肥厚潔白，全菜長約3~4吋，葉柄長度相若，味道腍甜軟滑。

白菜芯，外形與菜芯相若，有葉有花，菜梗多是有凹凸直紋，柄頭偶有爆口，味道腍軟甜美，菜味濃烈。

馬尾白，菜葉的顏色比白菜較深，形狀似葵扇，生長期很快。

註：1. 未長大的菜稱白菜仔，稍長時就稱作白菜，再成熟至有菜芯出現時，就稱為白菜芯。小棠菜又叫上海白。
2. 鶴藪白是塌菜和黑葉白菜雜交而成的新菜種，約40日生長成熟，它源自於鶴藪，因而得名。
3. 正宗鶴藪菜，菜腳短短，葉柄顏色潔白，葉子呈墨綠色，圓而皺，柄身帶少許坑紋，當放在手上，如花朵狀。

選購貼士

短梗葉嫩，葉片堅挺完整而不枯萎，葉綠莖白，及莖葉均肥厚者為佳。

貯存期

購買後儘快食用，若它是沒有浸水，可放保鮮袋包裹，再裹上報紙，可置雪櫃內冷藏保存約1星期左右；但浸濕後就不宜貯存。

處理

小白菜常有泥沙藏於菜梗內，故需要浸泡淡鹽水中約20分鐘，然後逐塊葉片散開，在流水下沖洗數次。

營養

- 營養成分多樣化，其鈣質和磷質成分能有助鞏固牙齒和骨骼、促進並協調神經和肌肉系統的運作。
- 提供人體所需營養素，其類胡蘿蔔素、菸鹼酸、維他命 C 等抗氧化成分，有助保護心血管及提升人體免疫力。
- 其礦物質類如鎂質、硒質、銅質、錳質、鋅質等，則帶來抗衰老、促進細胞活性的作用。
- 纖維素較多，促進腸壁蠕動，有助大便暢通。
- 多種植物性成分如蘿蔔硫素(Sulforaphane)、吲哚(Indoles)、異硫氰酸鹽 (Isothiocyanate)等，其抗氧化能力甚高，有助抑制早期癌細胞病變，有效對抗及預防腫瘤疾病。

料理達人傳功

白菜的菜柄肥厚，需要煮耐一點，但菜葉就不宜煮太久，建議新手炒菜，把菜和梗柄分開，先炒菜梗至七成熟，然後再放入菜葉，蓋上鑊蓋1分鐘，快手兜勻，既能保持菜味和菜葉翠綠，又不用擔心手慢炒燶菜葉。炒菜秘訣是下菜時火猛，下菜後就要轉中火，避免菜葉燒燶。

唔講你唔知

仍處於幼苗期的黑葉白菜，已與成熟菜相似，只是菜柄不長而葉片很大。

菠菜

綠葉類 Spinach

學名	*Spinacia oleracea* L.
粵音	Po Choi
別名	菠薐、菠菱菜、波斯草、赤根草、鸚鵡菜

當造月份 1 2 3 4 5 6 7 8 9 10 11 12

● 全年均有，每年11月至翌年4月最佳時間。

分佈：原產於亞洲西部，及後美國、世界各地、中國、台灣和香港。

外形：
菠菜為藜科植物菠菜的帶根全草，莖粗脆嫩，易折斷，當折斷後會變卷曲

色澤：
深綠帶光澤

菜葉：
葉互生，呈圓形、橢圓或箭形，主根白中帶紅色

味道：清甜爽脆，菜味濃郁

料理達人傳功

菠菜含有一種物質會令人吃罷，舌頭感覺變粗糙或痕癢，西廚會先把菠菜飛水，再加入白汁或忌廉汁燴煮。中國人煮菠菜愛用蒜茸起鑊，增加香氣，但必須多下點油才能令其嫩滑脆綠，日韓廚師也會先把菠菜飛水，減輕那種物質，才進行下醬汁芝麻調味冷食的程序。

唔講你唔知

而秋天菠菜粗大爽脆，揀菜後捲曲，比較適合熟食；值得一提，菠菜含有草酸，當其進入人體，與其他含鈣質食物結合，形成難溶解的草酸鈣，造成阻礙人體對正常鈣質的吸收。

選購貼士

葉色深綠帶光澤，莖粗厚而短，根莖鮮紅，新鮮，水份飽滿。

貯存期

容易腐爛，不耐貯存。如放入多孔的保鮮袋中，根部向下，直立地放在雪櫃內冷藏，可保存約3至5天。

處理

菠菜浸泡在水中約20分鐘，如徹底清洗根莖，也可吃用，味道很甜美。

營養

- 鐵質參與製造紅血球，促進血液循環。
- 菠菜根含菠菜皂甙A(Spinach Saponin A)和皂甙B(Spinach Saponin B)，能調節血糖至正常水平，故帶根菠菜有助於減輕糖尿病的病情。
- 葉片含大量維他命C，可預防骨關節炎症。
- 胡蘿蔔素含量僅次於紅蘿蔔，既可保護視力，又可加強黏膜組織的抗病能力。

西洋菜

綠葉類

Watercress

學名 *Nasturtium officinale* R. Br.
粵音 Sai Yeung Choi
別名 豆瓣菜、水蔊菜

味道：甜中苦澀，清脆爽口，嫩口無渣，老菜有渣欠韌，纖維高，不易咀嚼。

料理達人傳功

西洋菜的質感較韌，一般會放湯或煲湯，也可焯片刻，剁碎與免治豬肉拌勻，包餃子也很好。要是能挑選嬌嫩的菜苗，或以手摘菜，可清炒或焯，亦可火鍋。清炒時，鑊要燒熱，下多點油，倒入西洋菜後轉中火快手兜炒，待轉色便要盛起。不新鮮的西洋菜會變苦。

唔講你唔知

主要兩種，中國和香港均以水種品種為主，生長於水田或淺溝湖澤地帶。在荃灣川龍村位於大帽山的山腰一帶，霧影繚繞，濕潤氣候，正適合西洋菜生長。

● 每年1月至4月及9月至12月，冬春兩季常食蔬菜。

分佈：原產於地中海東部。及後在英國、法國、美洲、日本、各熱帶地區、中國、台灣和廣東珠江三角洲。

選購貼士

莖短而挺直飽滿，葉片濃密而呈深綠色，無黑點為佳。

貯存期

不能久存，用半濕的廚用紙包裹，放在雪櫃的蔬果室，或是插在已裝水的杯子作短暫保存。

處理

西洋菜容易藏有水蛭，必須小心清洗，可用淡鹽水浸30分鐘，令內裏隱藏之水蛭蜷曲沉底，然後再用流水清洗數次。

營養

- 含葉酸(folic acid)和鐵質，確保血紅素充足，助長血氣循環和形成正常形態的紅血球。
- 維他命C成分，則有助保護體內細胞免受自由基的破壞，具延緩衰老的作用。
- 近年研究發現它能阻止受精卵着床，具有避孕通經作用。
- 含高量胡蘿蔔素(Carotenoids)和葉黃素(Lutein)，有強化視力和延長衰老的效果。人類的眼睛含有高量葉黃素，無法由人體製造，必須依靠食物攝取以作補充，若缺乏這種元素，眼睛就會失明。葉黃素是很好的抗氧化劑，保護細胞避免受自由基的傷害。

生菜

Chinese lettuce

綠葉類

學名	*Lactuca sativa* L.
粵音	Sang Choi
別名	生菜、萵苣、千金菜、不結球萵苣、唐生菜

當造月份：1 2 3 4 5 6 7 8 9 10 11 12

● 全年均有，每年10月至翌年5月，尤以隆冬收成的品種最佳。

分佈：原產於地中海沿岸，由野生種演化而來，歐洲、美洲、中國。萵苣有多個變種，而葉用萵苣即唐生菜。

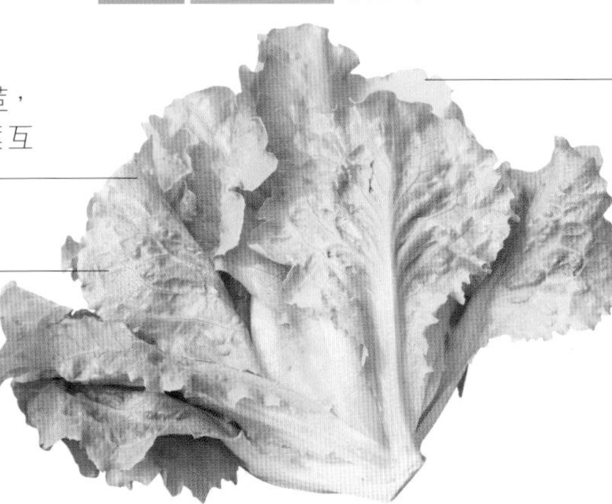

菜葉：
菊科萵苣屬，葉用萵苣，葉形修長兼有齒，葉互生，羽狀深裂

色澤：
翠綠至淺綠，甚至是黃綠色，光亮閃爍

花形：
菜形修長，約有10~12吋，菜柄由淺白至深綠，葉長於菜梗

味道：爽脆青嫩

品種 / 類型

葉片結實，口感爽脆，外形雖似唐生菜，因菜葉合抱而生，變成球狀似的，稱為中國玻璃生菜。

意大利生菜，葉片有密集鋸齒，偶有紫色分佈菜葉上，味道濃郁而帶點苦味，生吃為主，是一種外國沙律菜。

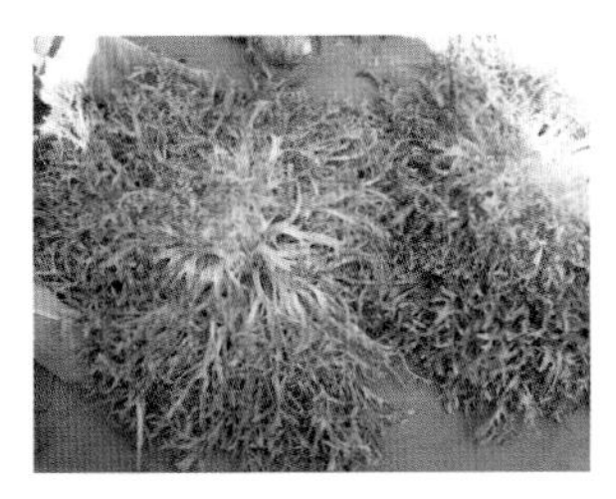

法國捲鬚生菜，菜葉尖長而塌陷，葉緣如狗牙似，味道清甜和淡薄，色澤翠綠帶黃綠，沙律菜一種。

羅馬生菜形如中國唐生菜，但它沒有唐生菜般脆嫩，菜味濃而帶甜，只宜生吃。

牛油生菜，葉片圓滑，色澤青綠，捲心，菜味濃而菜汁豐富，甜口。

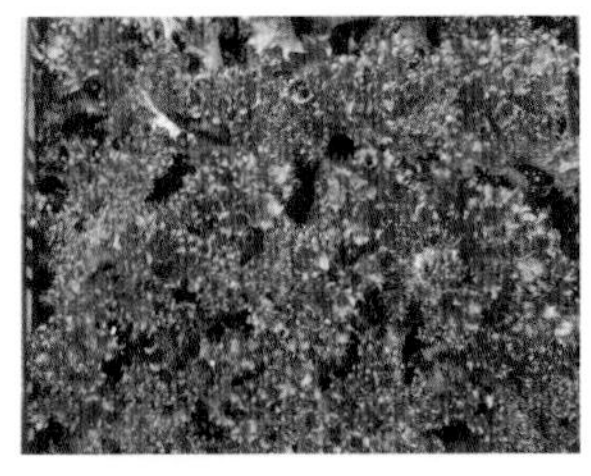

法國紅生菜，色澤紫紅，葉片邊緣捲曲密集，梗柄潔白，味帶濃苦澀，菜味濃郁。

選購貼士

葉片呈青綠色，鮮嫩乾淨，無枯黃、褐斑和斑點，飽滿肥厚。

貯存期

生菜宜置在陰涼通風處可放置2至3天，沒有浸濕的生菜，可用保鮮紙封好置於雪櫃內可保存約1星期左右。

處理

撕開菜葉，放入清水浸20分鐘，再清洗數次便可。

營養

- 有豐富胡蘿蔔素，在人體內轉化為維他命A，再轉化成強效抗氧化劑，能維持上皮細胞結構正常，甚至抵抗致癌物的入侵。
- 含煙羥化脂，它可分解食物中的致癌物質——亞硝酸胺，防止癌細胞形成，甚至對肝癌、胃癌等也有預防功效，緩解癌症患者或化療後反應。

料理達人傳功

中國唐生菜生吃熟食均可，可包裹燒烤肉、炸物和三文治作生吃；熟吃則可伴羊腩煲、清焯、蒜茸炒或鮑汁煮均可。如要把生菜清焯嫩口翠綠，水要燒大滾，還要多下點油，否則菜會變黑不夠油潤，令菜變韌不爽脆。

唔講你唔知

萵苣的品種很多，可分為「葉萵苣」和「嫩莖萵苣」兩大類。前者可分為「結球萵苣」和「不結球萵苣」兩大類；結球品種的稱西生菜，不結球的品種就稱為唐生菜。另外，生菜對乙烯極敏感，不要與蘋果、香蕉、梨同放，否則它可能產生赤褐斑點，不美觀。此外，它含有一種味道，令害蟲不喜歡，所以甚少有蟲害。

生菜會在溫室中培殖出幼苗，然後轉移至戶外栽種。

中國唐生菜在土地上如一束束綠色鮮花。

油麥菜

Indian lettuce

綠葉類

學名	*Sonchus olercaceus* L.
粵音	Yau Mak Choi
別名	苦菜、牛脷生菜、油菜、長葉萵苣、A菜、鵝仔菜、香菜芯

當造月份：1 2 3 4 5 10 11 12

● 每年10月至翌年5月，尤其是春、秋和冬季最幼嫩。

分佈：原產於地中海沿岸，由野生種馴化而來，在歐洲、美洲、台灣、中國、廣東。

料理達人傳功

菜味濃郁，人們除了吃用葉子，還會把菜柄削去莖衣，切片快炒，甜味慢慢滲出，因為其味濃郁兼有濃苦澀味道，可與蒜茸豆豉同炒，最能突出它的味道。

菜葉：菊花科草本植物苦苣的全株，長葉萵苣，大多數呈長形、葉子較長

外形：菜柄修長，菜葉尖長，全長約12~13吋，葉梗同是青綠色

色澤：淺綠色至深綠色

味道：苦澀，菜汁濃稠，菜味足夠，清脆爽口

選購貼士

宜選葉色深綠而帶光澤，葉厚而長的品種，新鮮，無黃葉，長度15~20厘米。外型完整、色澤優良，質地幼嫩，無斷裂，無破葉，無抽苔，無凋萎，無腐爛，無病蟲害及其他傷害。

貯存期

用半濕的廚用紙將油麥菜包封，裝入塑膠袋內，直立放在雪櫃中保存。

處理

將根部切除後，浸泡在水中5分鐘，張開葉片，仔細沖洗。

營養

- 可調理母乳不足，脾虛大便不暢，腎虛小便不利。
- 含豐富蛋白質、糖類、胡蘿蔔素、維他命C、鉀、鈣、磷等無機鹽。
- 有利血管擴張，改善心肌收縮功能，對高血壓心臟病、腎臟病有幫助。

枸杞

Matrimony vine / Chinese wolfberry

綠葉類

學名	*Yciumc Chinese* miller
粵音	Gau Ki
別名	枸杞葉、枸杞頭

菜葉：
枸杞葉呈卵狀菱形，長橢圓形或卵狀互生或數片叢生

色澤：
花呈淡紫

外形：
紅色果實呈卵圓形，果肉內包着微小種籽，味濃香帶甜美，是常用中藥杞子

味道：葉嫩味清，含微苦回甘甜

料理達人傳功

枸杞葉可泡茶或入饌。人們把枸杞葉做飯、餃子和煮湯，主要是把枸杞葉略飛水切幼細與飯米同煮變菜。日韓人就愛做調味漬，先把已炒香的白芝麻搗碎，拌入砂糖、醬油調味，與燙過嫩葉拌勻而吃。香港人就愛與豬肝和雞蛋同煮滾，變成可湯可菜的美食，滋補又利腹。

當造月份
1 2 3 4 5 12
每年12月至翌年5月，冬春兩季較多。

分佈：原產於中國，韓國和日本均有，以中國寧夏最出名。

選購貼士

以葉形嫩綠完整無蟲咬和黃葉，梗上有尖刺，葉色呈墨綠，全枝柔軟，能炒能煮。大葉就只能煲湯。

貯存期

乾水菜只要用報紙包好，就能存放3~4天；濕水菜就只能存放1~2天，因為葉片容易腐爛。

處理

把全梗浸於水中泡10~15分鐘，葉片漲開，小心清理，特別是在雨季，葉片易含泥沙，洗2次，再把葉梗分離，梗先煲水，後焯葉片。

營養

枸杞葉含甜菜鹼、蛋白質(據説是菠菜的含量二倍以上)，維他命B_1、B_2、C等。甜菜鹼可防止脂肪積聚在肝臟。

品種／類型

分有大葉和細葉兩種，其梗含木質成分，纖維高而汁少，人們只會把它放滾水中泡出味道便棄之不要。

唔講你唔知

枸杞的根、葉及果實都有食用與藥用價值。枸杞的根稱為「地骨皮」，或稱枸杞頭；枸杞一般夏季開花，秋冬季結出橢圓形果實，稱為「杞子」，或稱枸杞，能消除疲勞，具明目養生功效。

椰菜

Cabbage

綠葉類

學名	*Brassica oleracea* var. capitata L.
粵音	Ye Choi
別名	青椰菜、卷心菜、結球甘藍、包心菜、高麗菜

當造月份

● 每年12月至翌年4月。

1 2 3 4 12

分佈：原產於地中海沿岸，及至14世紀傳入中國至世界各地普遍均有栽培。

外形：
椰菜植株莖短

菜葉：
後期生長的菜片互相包裹而形成緊密的頭狀葉球

色澤：
綠中帶白

味道：口感粗糙

選購貼士

表面乾爽富光澤，綠中帶白，完整結實且重身，結球緊密，底部堅硬，葉片新鮮脆嫩肥厚，含飽滿水份為佳。

貯存期

可以紙張包裹放於陰涼處或雪櫃冷藏，約可存放2至3週。

處理

椰菜外葉容易殘留農藥，宜將外側的葉子摘除，將葉球浸泡在水45分鐘後，然後在流水下反覆清洗數次。

營養

椰菜蘊含花青素，但紫椰菜比青椰菜為高，它們具高強度的抗氧化功能，能保護細胞免受自由基傷害；其纖維素亦較粗，多做生菜沙律及盤飾。

料理達人傳功

椰菜屬西方的常用食材，外國人以生吃為主，或是煲煮脸軟作配菜用；日本、韓國和台灣人就多伴以吉列菜，以降油炸食物的燥熱。近年，中國北方飲食流入香港，香港人也愛偶以烹煮煙肉或豬油渣，也會以燴雜菜進食，貪其耐火味清甜。只是它屬瘦物，需要多點油煮讓其變嫩滑。

品種 / 類型

市場上有綠白色和紫紅色最常見。

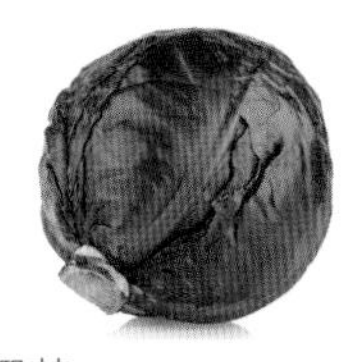

紫椰菜

尖形椰菜，待稍長葉片便會互抱相生。

唔講你唔知

椰菜有天然胃藥之稱，其含維他命U乃抗潰瘍因數兼具修復體內受傷組織的作用，特別是腸胃道。此外，它蘊含酚類和抗氧化活性，亦能抗動脈粥狀硬化作用、含硫的抗甲狀腺物質等，並有分解亞硝酸胺的酵素，有助消除亞硝酸胺的突變作用。

芥菜

綠葉類

Mustard Leaf

學名	*Brassica juncea*
粵音	Kai Choy
別名	芥、大芥、黃芥

料理達人傳功

芥菜最適合和多油的肉類烹煮，尤其和排骨或雞肉一起燉煮，湯味非常鮮美。
芥菜容易沾上泥土，必須剝開清洗。

當造月份

● 全年（盛產11月～3月）。

花形：
花冠十字形，淡黃或黃色

外形：
葉形修長呈寬卵形或倒卵形，沿葉柄生長幾達葉柄底部，柄有紋，每株約長為25~30厘米高

色澤：
葉色綠、深綠、淺綠 、黃綠、綠色間紫色或紫紅

菜葉：
葉面平滑或皺縮，葉緣呈鋸齒或波浪狀，全緣或有深淺不同、大小不等的裂片

味道：甜而微苦，及後回甘甜，具有特殊的風味和辛辣味。

分佈：亞洲，及後中國培植，還產生了異種。

品種／類型

芥菜，其葉如潮州春菜相似，葉比較大和清脆；大芥菜，菜葉會被削掉，只剩肥厚的大葉柄，捲心如球狀。

選購貼士

葉片呈深綠色，具光澤，葉柄肥厚含水份，幼嫩爽脆，散發淡淡青菜香味，表示新鮮。

貯存期

新鮮的芥菜，沒有沾水可保存4~5天；浸過水份的芥菜，菜葉容易變腐，只能維持2~3天。

處理

逐片菜梗撕出，放在清水中浸泡10分鐘，再逐片擦洗，不要藏有泥污。

營養

芥菜含有豐富的維他命A、B雜、菸鹼酸與鈣，當中的菸鹼酸有助預防糙皮症。

唔講你唔知

芥菜具治療頭痛、感冒的效果，故民間常用芥菜來退熱發汗，特別是酷熱夏季，家庭主婦會煮這湯預防暑熱痛；至於因過度疲勞以致全身肌肉酸痛、頭昏腦脹時，據説也有點幫助。芥菜的種籽稱芥末籽，含辛辣味，西方人會做成醬汁作調味料。

西蘭花

花菜類 Broccoli

學名 *Brassica oleracea* var. italica Plench.
粵音 Sai Lan Fa
別名 綠菜花、青花菜、意大利芥藍、綠花椰

當造月份 1 2 3 11 12
● 每年11月至翌年3月。

分佈：原產於意大利，後伸延至英國、法國及荷蘭，到了清末則傳入中國，現在北京、上海、福建、雲南、廣東、台灣、香港均有。

花形：
十字花科，主軸長到有20片葉子左右時，形成綠色密集花蕾

外形：
花蕾結集成球，柄梗粗狀而短小、莖衣粗硬，只留小葉

色澤：
綠色帶有一層薄果粉，狀如薄霜

菜葉：
大塊葉片包着的綠色花球

味道：滋味清甜，爽脆

選購貼士

青綠或深綠色而不帶黃，花蕾尖銳繁密、大粒而不鬆散；避免其花球過硬，表示其已過老。莖部不太硬而有爆口，莖皮不枯乾，眼觀莖柄的質感嫩而淡白細緻。

貯存期

西蘭花需置陰涼處貯存，否則容易變啡色、變黃或腐壞。放於雪櫃內作短暫儲存，可保留2~4天。

處理

逐朵花菘剝開沖洗，去掉莖衣，浸在淡鹽水中約20分鐘，讓蝓蟲隨水浮出來，挑去蟲後洗乾淨。

營養

含有維他命C、胡蘿蔔素、硒質(Selenium)等高抗氧化(Antioxidant)物質，加強人體免受自由基(Free radicals)的傷害。

料理達人傳功

西蘭花的莖衣很硬，中式廚師會用梳打粉與清水焯煮，保持嫩綠兼脸軟；西方廚師會連莖衣飛水，使脸軟，待顏色變青綠，立即過冷，保持色澤。兩種方法各有所長，但家庭式就建議把莖衣撕掉才飛水，省時快熟，翠綠又脸軟，就算老人家也不怕咬不開喇!

唔講你唔知

澳洲種的西蘭花，鮮甜脸滑，不夠爽脆，莖柄比較短小而柔軟，花蕾比較圓密。美國種的西蘭花，莖柄粗硬兼有爆口，質感爽脆，清甜，菜味濃，花蕾比較大粒尖銳。本地西蘭花的莖柄長而柔軟，莖衣薄，花蕾不太茂密而結集小。

椰菜花

花菜類

Cauliflower

學名 *Brassica oleracea* L. var. botrytis L.

粵音 Ye Choi Fa

別名 菜花、白菜花、花椰菜

色澤：淡米白至淺綠

外形：莖粗而短，莖粗而短，有紫色和橙色

花形：十字花科，由大塊葉片包着白色花球，其主軸長到 20 片葉子左右時，便形成白色花蕾

菜葉：葉向上密生，葉柄短，葉片闊厚，脆嫩，環抱而生，葉面有層薄白粉，當葉片相合成球形，直徑可達30厘米

味道：清甜爽脆，脸軟中帶嚼勁

選購貼士

花蕾茂密，完整，但花球緊密細緻；至於花莖則呈淡青色，纖細鮮脆。小花未開、無斑點，無畸形，包三片葉，無變形葉及莖無空心現象。

貯存期

購買後3天內吃用，或用保鮮紙封好置於雪櫃內，亦可保存約1星期。

處理

反轉椰菜花浸於淡鹽水中約20分鐘，讓蝕蟲浮出來，置流水下沖洗乾淨。

營養

富含蛋白質、葉酸(Folic Acid)、鈣質和維他命C，分別參與製造血液、建構骨骼組織，以及形成膠原蛋白(Collagen)。

料理達人傳功

烹調時加入數滴檸檬汁或少許醋，可防止花蕾色澤變黃。

品種 / 類型

紅椰菜花

綠尖頂椰菜花

黃椰菜花

唔講你唔知

外國有橙色和紫色的品種，而橙色椰菜花的維他命A含量更高於白椰菜花25倍。

生長在泥土裏的椰菜花，色澤偏黃，但花蕾結集緊密。

當造月份 1 2 3 4 12

● 每年12月至翌年4月。

分佈：原產於歐洲西部沿岸，世界各地均有出產，中國的福建、廣東、浙江、廣西、台灣等地均有。

夜香花

花菜類

Night-fragrant flower

學名	*Telosma cordata*
粵音	Ye Heung Fa
別名	夜香蘭、夜來香

當造月份 ● 每年4～10月（7～8月最合時）。

4 5 6 7 8 9 10

分佈：中國，及後在歐洲、美洲和亞洲均有栽培。

外形：
小枝柔弱，有毛，具乳汁

菜葉：
葉片對生呈寬卵形、心形至矩圓狀卵形

花形：
花苞叢生由5至30朵，花冠裂片5，矩圓形呈黃綠色的白花或白中帶黃的小，副花冠5裂如一串串的吊鐘，生於合蕊冠上，頂端漸尖

味道：味道清香，偶會遇到苦澀

料理達人傳功

夜香花的花萼帶苦味，建議先摘除花萼，只留下花苞，比較嫩滑。至於開了花的貨品，容易凋謝和香氣流失，故宜採用含苞的夜香花，開了花已不新鮮甚至會出現變腐的狀況。花苞可用作炒、滾或裝飾。但花朵盛開而脆弱易殘，只能用作滾湯，不要烹煮太久，只要上桌前稍焯至微軟便可，否則味道會變得怪怪而失卻了香味，甚至出現混濁。

選購貼士

花萼堅挺，沒有瘀傷和凋謝，花苞飽滿含水份，整株外觀硬朗又沒蟲口，帶有淡淡香味。

貯存期

放在雪櫃內約1~2天，否則花開或開始變軟或出現瘀傷，凋謝不堅挺。

處理

浸於清水約5分鐘，逐棵輕擦洗，再用淡鹽水沖洗便可。

營養

含有豐富的維他命A、C，淡水化合物和蛋白質，而中醫説能清肝明目和消暑的功效。

唔講你唔知

有一種同樣叫夜香花(夜末香)的木質直立灌木，也與藤本生的食用夜香花擁有一串串的小花，然而卻因有毒不能食用，必須小心分辨。昔日，元朗錦田一帶也有出產優質夜香花，隨都市化而產量鋭減。其花期是每日一次，夜半開花，但氣味太濃時，人們會出現噁心和暈眩的狀況。

韭菜花

花菜類

Chinese Chive Flower

學名 *Allium tuberosum*
粵音 Gau Choy Fa
別名 韭花

外形
葉纖瘦而圓扁，花莖自葉束中長出，總花苞呈三棱形，為頂生繖房花序

花形：
苞片為白色膜質，內有20~30朵白色小花，花有雄蕊6枚，雌蕊1枚，中間有一子房，花朵由外向內依次開放

味道：甜中帶點辛辣，有點嗆鼻的感覺

選購貼士

全株飽滿，含水份，沒有開花而只有細尖的花蕾，色澤油潤呈綠色，輕輕一折容易斷開，太硬的柱梗表是變老，不夠嫩滑且有渣。

貯存期

用紙包好置雪櫃內可存2~3天。

處理

用清水洗淨便可，但避色有小蟲或花蚋，可會把花蕾撕去。

營養

它含有蛋白質、維他命B、維他命C，還有礦物質鈣、磷、鋅等元素。值得一提，其含胡蘿蔔素比大蒜多，僅次於紅蘿蔔而已。纖維素也頂高。

料理達人傳功

韭菜花的纖維很高又含極高的胡蘿蔔素，入口滑嫩又清甜，廣東人愛清焯或配肉炒，也會作為燴素菜的副料。北方人卻愛把它磨爛成醬，作為涮鍋的蘸醬，甚具特色。俗語有說「生葱熟蒜半生韭」，所以烹調時間不宜過欠，令其變黃失去清爽脆甜的口感。相反地，烹調時間過短就太生，甜味不出辛度強勁，失去清甜嫩滑的特色。

當造月份
● 全年，花果期為7~10月。
1 2 3 4 5 6 7 8 9 10 11 12

品種／類型

韭菜(Chinese Chive)：有鱗莖，深綠色的葉子細長略圓扁，呈帶狀。
韭黃(Blanced Chinese Chive)：與韭菜的樣子相若，只是全株為黃色，辛辣味沒有韭菜強烈。

分佈：產於中國，到了9世紀傳入日本，漸漸傳入東亞各地。

唔講你唔知

它屬葱科的常綠草本植物，具宿根性，耐寒兼喜生長於陰濕肥沃的環境，遇到日照強和乾燥環境而使葉尖變焦黃。葉綠素易受光照影響，當其葉鞘在埋土條件下軟化變白，稱為「韭白」。要培植韭黃，只要在韭菜成長時割去青葉後，用瓦筒把韭菜遮蓋而不與陽光接觸，它很快長出新的嫩葉，便是韭黃。原因是沒有受到光照而形成不了葉綠素。

當造月份

● 全年均有，每年11月至翌年6月。

1 2 3 4 5 6 7 8 9 10 11 12

分佈：原產於南美洲，及後傳入歐洲、亞洲，中國的番茄則由東南亞傳入。

番茄

Tomato

果類

學名 *Lycopersicon esculentum* Mill.

粵音 Faan Ke

別名 西紅柿、六月柿、紅茄、番茄柿、洋柿子、洋海椒、毛臘果

色澤：
色澤會由青變紅，皮薄而富彈力。另外，由於番茄有多個品種，顏色亦各有不同，分別有黃色、橙色、紅色等

外形：
果球形、扁球形、長圓形或卵形，直徑 3~8 厘米，大小不等

味道：品相獨特，口感帶甜

品種 / 類型

紅色串番茄，個子小，結連生長，肉汁多而果味濃，皮光肉滑，充滿水份。

橙黃色番茄，個子小而飽滿，味道淡，肉質爽脆。

中國品種番茄，果體渾圓。

選購貼士

宜選果實圓大且有蒂，果形完整勻稱，果皮光澤亮麗，細緻光滑，果形完整，肉質結實，無外傷或萎縮者。

貯存期

用抹布擦乾淨番茄表面，並放於陰涼通風處，一般可保存約 10 天左右。

處理

食用部位為果實。將蒂部拔除後，用流動的自來水徹底清洗番茄的外層，並仔細清洗凹陷處。

營養

- 番茄蘊含多種能增強人體免疫力和防癌元素，包括番茄紅素、β-胡蘿蔔素、維他命C等，有助抗氧化(Antioxidant)和避免細胞膜受自由基(Free Radicals)的破壞。
- 番茄紅素(Lycopene, 分子式$C_{40}H_{56}$)是一種明亮紅色的類胡蘿蔔素顏料，特別對預防男士前列腺腫瘤特別有幫助。同時，它還有減少患心血管疾病、癌症(特別是前列腺癌)、糖尿病、骨質疏鬆症的風險。

料理達人傳功

車厘番茄可以生吃或熟食，但由於它含酸性，必須加入沙糖以平衡酸味。把番茄洗淨，橫開兩半，放在焗爐上，下點橄欖油和百里香，焗至半濕乾，再放點黃糖，繼續焗至收乾水份，茄味濃郁，與其他燒烤過的雜菜，伴以油醋沙律汁享用，或是放在麵包上與冷盤火腿作餡料，滋味無窮。

唔講你唔知

胃酸較濃，與番茄中柿膠酚等物質凝結成不容易溶解物質，堵塞胃的出口，引起胃擴張、腹痛。青色的番茄含大量番茄鹼，生食後會使人頭昏、惡心、嘔吐，嚴重者可導致死亡。

未熟的番茄是綠色。

番茄的花朵是黃色，尖銳。

番茄的葉子也蠻漂亮。

鳳眼果

果類

Noble bottle Seed

學名 *Sterculia nobilis* R. Brown
粵音 Fung Ngan Kuo
別名 蘋婆果、潘安果

當造月份
1 2 3 4 5 6 7 8 9 10 11 12
● 7~9月(3~5月開花)。

分佈：中國。

外形：
果實扁平如豆莢，未熟時果皮呈青綠色，成熟後變成朱紅色，皮紅籽黑，斜裂如鳳眼。成熟時會自腹縫線裂開，恰似鳳眼微張，每果有2~3粒種籽，種籽呈圓鈍形或不正圓形，褐色至黑色，具光澤兼有黏液性

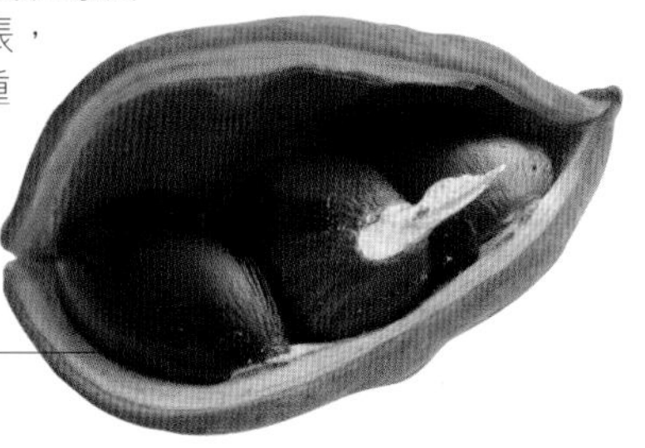

味道：清淡微帶果仁味道，肉質糯軟帶點韌度，如吃栗子

選購貼士

原粒飽滿，觸手微帶黏貼，色澤光亮，無蟲咬腐壞，要是外殼表面呈暗啞，表示開始不新鮮，果肉會變乾。

貯存期

置冰箱中可放4~5天，要是放進去殼焓熟放進冰格可待1~2星期。

處理

把表面略沖洗，用小刀去外殼，第一層殼為黑色或褐色，第二層是淺棕色，最後才是如蛋黃的果肉。

營養

它含有蛋白質、脂肪、纖維、維他命A和維他命B、鈣、磷及大量的醣類。

料理達人傳功

黑皮黃肉的種籽可生食或榨油，有點像花生清香味。香港人會把鳳眼果用小刀把外殼小心剝除，白焓或燜煮都可以，但不會生吃。可以燜煮雞、排骨和腩肉，配料宜選帶油脂的物料，方能品嚐它的鮮美，經驗中如添加少許蠔油，味道立即變得很突出。

品種 / 類型

鳳眼果有外內的兩層殼。成熟的鳳眼果會結實；未成熟的果肉呈透明啫喱狀。

成熟與未成熟的鳳眼果比較。

唔講你唔知

蘋婆的葉片可做農村人包裹“粿子”點心的葉子，含淡淡清香。每年的“乞巧節”會用以祭祀，故又叫“七姐果”。一般情況是一年一造，但有時也會有二造果，最當造是8~9月。新界菜販會鮮採鮮賣，並把果筴除掉售賣。

辣椒

Hot Pepper, Chilli

果類

學名	*Capsicum frutescens* L.
粵音	La Jiu
別名	紅尖椒、辣茄、海椒、番椒、辣子、秦椒、臘茄

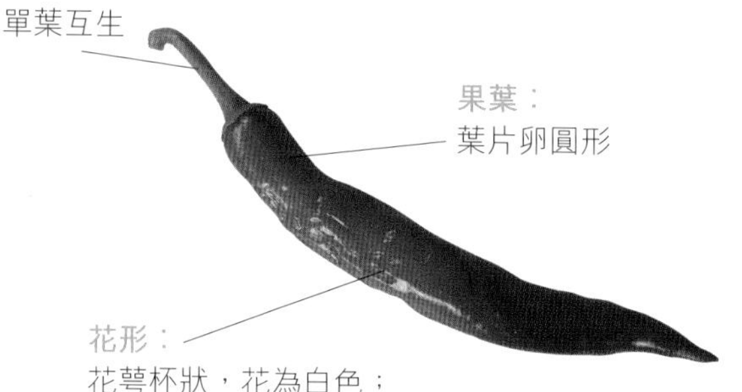

花萼杯狀，花為白色；
果實呈圓錐形或長圓形，有朝天或向下；
未成熟時呈綠色而成熟後變成深紅色、鮮紅色、黃色或紫色，以紅色最為常見

味道：種籽是腎形呈淡黃色，胚珠彎曲，因它含有辣椒素而帶辛辣，味甜帶嗆鼻

選購貼士

應選擇整株完整潔淨，辛辣味濃，無泥土。

貯存期

可以長久放於冰箱內。

處理

去掉裏面的籽和脈絡。

營養

- 含有血紅細胞形成維他命 B_6，能促進血液循環。
- 紅辣椒含有豐富維他命C和胡蘿蔔素，但黃色和綠色辣椒屬於未成熟果實，故相對於紅辣椒，其維他命含量相對偏低。
- 具有促進血液循環的功能，可幫助袪寒。

料理達人傳功

辣椒的辣來源是其種籽裏含辣椒素，不小心沾在手上，會有刺痛和辛辣感覺，可以帶上手套處理辣椒，或是用小刀剖開辣椒，然後在流水下沖走種籽，再修切。

當造月份

● 全年均有。

1 2 3 4 5 6 7 8 9 10 11 12

分佈：原產於熱帶美洲，及後傳入歐洲、中國。

品種／類型

辣椒依其果實的形狀，可分為牛角椒、五色椒、指天椒、簇生椒和甜柿椒五種。

唔講你唔知

辣椒的葉子和梗柄，可與豬肝煲湯，加隻雞蛋，可有補眼補肝的功效。

甜椒

Sweet pepper, Bell pepper

果類

學名	*Capsicum frutescens* var. grossum Bailey
粵音	Tim Jiu
別名	菜椒、青椒、燈籠椒、三色椒、西椒、番椒

當造月份 1 2 3 11 12

● 全年均有，每年11月至翌年4月最合時宜。

分佈：原產於中南美洲的辣椒演化而來。及後傳入歐洲、法國、西班牙、意大利、匈牙利和中國，現世界各地均有。

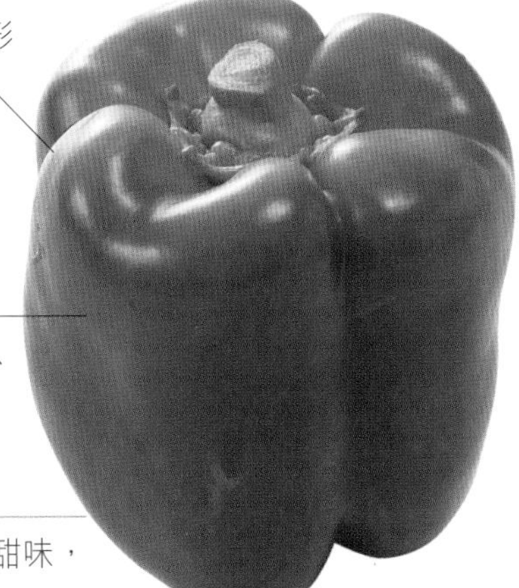

外形：
果實呈矩圓形或扁圓形

色澤：
有綠色、紅色、黃色、橙色、紫色等

味道：果肉厚而帶有甜味，微量辛辣味

料理達人傳功

甜椒去皮可以把它切開兩半，放入焗爐燒至全燶，取出，包好待片刻，讓冷熱溫差使皮肉分開，然後用手撕掉外衣，椒味濃郁，果肉滑嫩。

品種 / 類型

不同顏色的甜椒

選購貼士

飽滿均勻、身重而肉厚、有光澤者為上品。

貯存期

存放在陰涼處，或是放在雪櫃冷藏，但先包上保鮮袋或用多包兩層紙包裹，避免遇濕變軟、腐壞，其內種籽會發黑，影響其品質。

處理

蒂部凹陷處容易藏污，去蒂沖洗。

營養

- 果肉部份含有碳水化合物、蛋白質、食用纖維素、各種礦物質鉀、磷、鐵和維他命A、B、C、K等。
- 當中的抗氧化劑維他命C，存於成熟的果實中，含量極高。
- 種籽含有辣椒素(Capsaicin)能刺激胃液分泌，幫助消化。
- 它含大量β-胡蘿蔔素，可預防白內障和減少患心臟病的風險。

仁稔

Yanmin

果類

學名	*Dracontomelon duperreanum*
粵音	Yan Nim
別名	銀稔、杧栭、人面子

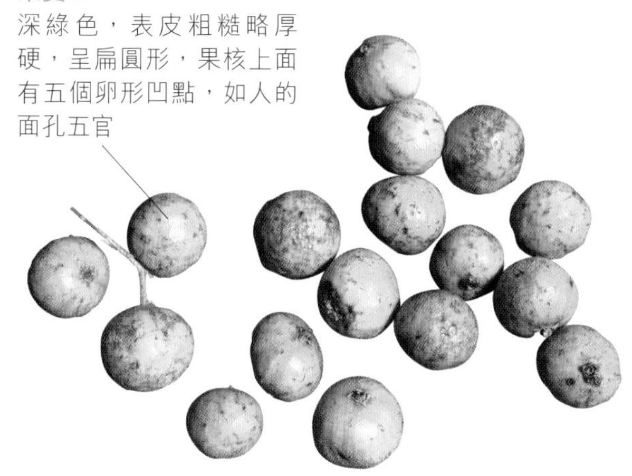

味道：苦澀帶強果酸味，皮硬有點似吃番生石榴的口感

料理達人傳功

仁稔是季節性食品，每到當造時專買本地菜的檔主會備有銷售，一般會醃作涼果、鹽漬或醬油浸仁稔，它與醃梅子、酸薑或酸筍的提味相若，也可視為餐前小吃。買回來的新鮮仁稔洗淨後把果蒂去掉，才把破皮削去，用鹽擦洗片刻，再用開水洗淨，用刀略拍，放入已煮的甜醬油去浸，瓶子要預留1/5位置，因它會在浸漬期間釋放氣體和排出水份。

唔講你唔知

種籽可以榨油用來製肥皂，也可醃漬為涼果和煮成果醬。新鮮的仁稔可作蒸或炒的配料用，民間食療智慧説可消滯各減腥。鑑於它含微酸味道，能中和油膩，搭配肉類或河鮮，令味道提升。

當造月份：6~7月（春季開花，夏末結子）。

1 2 3 4 5 6 7 8 9 10 11 12

分佈：中國。

選購貼士

挑選細粒、皮薄、稔軟、無蟲咬或腐爛的貨品，尤其是在剛上市時就要入貨，方能揀選細核、果肉仍呈透明啫喱狀的仁稔，入口無渣又充滿果香味道。

貯存期

沒有弄濕，放入保鮮袋可存3~4天，但果皮會隨時間變黑。

處理

可用少許鹽擦洗，再沖清水和略拍扁。

註：葉形是奇數羽狀複葉，小葉光滑呈橢圓形，開青白色小花。

粟米

果類

Sweet corn

學名 *Zea mays*

粵音 Shuk Mai

別名 玉蜀黍、包穀、苞米、棒子、粟米、番麥、苞蘿、玉茭子、玉稻黍、包粟

當造月份
● 夏季、秋季。

5
6
7
8
9
10

分佈：俄羅斯、南美洲、中國、中美洲、加拿大。

色澤：
莖和葉為綠色，花為黃色，而粟米鬚在未成熟時一般呈紫紅色，成熟後變為褐色。果實有白色、黃色、紫色、黑色和雜色

粟米葉：
全株有15~22片葉子，窄而長，邊緣呈波浪形，直接長在莖的兩側

外形：
禾本科。約1.5米高，根部份為鬚根、胚根和節根。從地上長出的叫下節根，然後是 支持根，又叫氣生根。果實為圓椎形，中間是果實，外面長滿了一粒一粒的種籽，頂部有茂密的粟米鬚，身上則較稀疏，最外面則包了一層綠色的葉子

花形：穗狀，開在植物頂部，頂端長雄花，腋部長雌花，但同株傳粉機會不高，因此屬異花授粉

味道：白粟米口感較脆，味道也較香，紫粟米則富黏性，重澱粉質，至於黃粟米則又甜又軟，是本地常見粟米

品種 / 類型

白粟米

黑粟米

珍珠粟——肉粒帶嚼勁

選購貼士

顆粒飽滿、堅實平整、顏色光鮮潤澤，因為粟米可能因天氣不好或儲存不良，而導至缺粒、乾癟、甚至發霉、腐爛。

貯存期

乾粟米可以存放3、4年，一般的可以在冰箱放3、4天。

處理

可連皮、鬚一起煮，也可以去皮、去鬚煮，也有人會剝下粟米粒，或磨成粉。

營養

- 粟米是飼料之王，其種籽和莖葉都是優質飼料。
- 豐富的碳水化合物，更含有極高的蛋白質營養成分，是非常有益的食品，再加上粟米的纖維質極高，是一種不可多得的穀殼的食物。
- 含賴氨酸(Lysine)和色氨酸(Tryptophan)，這些酸可提高粟米的蛋白質品質。粟米除了可以直接煮食之外，還可以提煉成粟米油。 它適宜脾胃虛弱、反胃、嘔吐、泄瀉，或傷食腹脹之人食用，也適宜失眠，或體虛低熱者食用。

料理達人傳功

把粟米洗淨、放進熱水裏煮約20分鐘即可。這樣不但好吃，而且能保持養份。

唔講你唔知

粟米的花朵在原植物的頂部。

在生長期的粟米必須疏果，摘下來的便是粟米芯。

成熟的粟米結在原植物的橫枝上。

註：粟米缺顆粒因為受天氣影響，或是種植的棵數不夠，未能完全受粉。

苦瓜

瓜豆類

Balsam pear, Bitter cucumber

學名 *Momordica charantia* L.

粵音 Foo Gwa

別名 錦荔枝、涼瓜、苦達、半世瓜、雷公鑿、哥斯拉

當造月份 ● 每年4月至10月。

4 5 6 7 8 9 10

分佈：原產於亞洲熱帶地區。中國廣東、台灣、泰國均有。

外形：
根系發達，莖五棱，果實呈長橢圓形或紡錘形，表面帶有不整齊的瘤狀突起，成熟時呈橙黃色

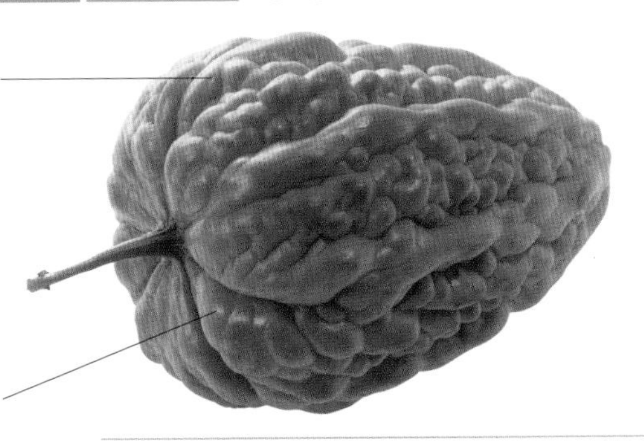

色澤：
淺綠至深綠，瓜肉為米白至淺黃色

花形：葫蘆科，開黃色的合瓣花

瓜葉：葉呈綠色，呈心狀卵形或五爪形

味道：苦澀回甘，未成熟時會爽脆味淡，苦澀味不高；成熟品則脆中帶腍，味道濃郁，苦澀甘味重

品種 / 類型

本地苦瓜 / 大釘苦瓜/雷公鑿，瓜身短圓錐形，上圓下尖，只有5~6吋長，潤身，肉刺大粒，深綠者嫩身，而綠黃就是成熟品。

台灣綠苦瓜，瓜身修長，肉刺不明顯，苦澀和甘味不高，但爽脆清鮮。

泰國苦瓜，肉刺不明顯，瓜味不足，苦甘味道不足，但清脆爽口，色澤暗啞偏黃綠色。

哥斯拉苦瓜 / 山苦瓜，肉刺密集兼立體，色澤光亮，偏深綠色，適合打汁或涼拌。

台灣白苦瓜 / 長江流域白苦瓜，味道清淡，苦澀味不足，清鮮爽脆，常與其他蔬菜混合攪打，亦是涼拌材料。

選購貼士

越是深綠越是苦澀，白苦瓜不帶苦味。宜挑瘤狀突起不塌陷，瓜身飽滿渾圓，有光澤，硬實挺身，瓜蒂堅挺而不枯萎，含有水份，肉刺大粒立體，圓潤而不尖。

貯存期

置於陰涼通風處可保存3天左右，若用保鮮紙包起，置放於雪櫃冷藏，約可保存1星期左右。

處理

浸於淡鹽水約5~10分鐘，再切薄片，用少許鹽擦洗，沖水便可。

營養

- 生苦瓜具有祛暑解熱、清心明目、解毒功效。
- 熟苦瓜能養血補肝、補益脾腎。
- 維他命C的高抗氧化作用，能阻止體內的氧化過程，保護細胞和血管，既能增強人體抵抗力，又能維持心臟健康。
- 最近有研究發現涼瓜可抽出特殊的苦瓜精粉成分，其中含有多肽(peptide)、苦瓜素(momordicine)和苦瓜甙(Momordicoside)，能促進血糖的運用與調節，穩定血糖的水平。

料理達人傳功

將苦瓜切開，除去種籽後，用粗鹽洗刷瓜肉，待一會沖洗後烹煮，能減少其苦味。生炒苦瓜要比先焯後煮為佳，前者可保留大部份苦瓜味道，甘香味濃兼清爽；後者是可以減少苦味，但缺乏了吃苦瓜的精髓。值得一提，苦瓜宜多加點糖煮，味道更集中濃烈。

唔講你唔知

白苦瓜的果苗很可愛，顏色是淺綠色，只有2吋長。

健康的苦瓜，生長畢直而飽滿，顏色光亮，肉刺排列整齊，具立體美感。

受到果蠅傷害的苦瓜，形狀變扭曲，不夠挺直。

苦瓜葉形如五爪，葉色綠油油。

當造月份
● 每年5月至翌年10月。
5 6 7 8 9 10

分佈：中國廣州和南海、廣西、香港。

節瓜

瓜豆類

Fuzzy melon, Hairy gourd

學名	*Benincasa hispida* (Thunb.) Cogn. var. chieh-qua How.
粵音	Jit Gwa
別名	毛瓜、小冬瓜

色澤：
淺綠色至深綠色，偶有綠帶白斑，瓜肉呈淡白色

外形：
果外密佈粗硬毛，形狀多變，本地種多是細小棒形或圓柱形，中間有小腰，果長15至25厘米

花形：葫蘆科，花黃色、五瓣

瓜葉：葉片的外觀有3~5枚裂片，覆有絨毛，葉心狀卵形

味道：瓜味清淡，瓜肉脍軟，質感幼細

品種／類型

有七星節，瓜形呈長棒狀或圓柱狀，在瓜下部會有斑點，表面覆有短毛，味道口感好。
江心節，瓜長略長約20厘米，呈圓柱狀，全身為深綠色。
蛇瓜的形狀彎曲，修長纖幼，瓜下部有白色斑點，長約30~40厘米不等。

選購貼士

外表有密茸毛，身圓淨而光亮者，瓜形端正，色澤青翠，肉質幼嫩，果身大小均勻，附有橙黃或枯萎的瓜花。

貯存期

置於陰涼通風處可保存1至2星期。

處理

把表皮用刀刮去，略沖洗便可。

營養

- 含碳水化合物、蛋白質、維他命B_1、維他命B_2、維他命C、膽鹼(choline)，礦物質如磷質、鈣質、鐵質和食物纖維。
- 膽鹼可作神經衝動之傳導，調節膽囊、肝功能及卵磷脂的形成。
- 有利水清熱、生津驅暑、健脾、利大小腸的功效，故對水腫脹滿、腳氣、痰喘、暑熱煩悶者最適合。

料理達人傳功

節瓜的瓜皮不要用刨去掉，否則瓜肉變粗而不滑嫩，建議宜用小刀把瓜皮刮去，保留瓜皮上的綠色部份，瓜會分泌出一層黏液，可保留瓜肉嫩滑的質感。

唔講你唔知

節瓜因其表面佈滿絨毛，故稱為毛瓜，市面上售賣的是經改良品種，絨毛減少及較短。

七星節瓜

受粉後的花朵，孕育出小節瓜。

雌瓜花在含苞待放，花形尖銳。

南瓜

Pumpkin

瓜豆類

學名	*Cucurbita moschata* (Duch) Poir.
粵音	Nam Gwa
別名	番瓜、倭瓜、桃南瓜、伏瓜、金瓜、飯瓜、窩瓜、黃蒲

當造月份 1 2 3 4 5 6 7 8 9 10 11 12

● 全年均有，每年10月至翌年1月，尤以秋冬最合時。

分佈：原自中南美洲，及後傳入中國、印度和日本，甚至到世界各地。

外形：
不同品種的形態各異，一般呈扁圓形或球形，直徑約為20至80厘米不等。根系發達，莖蔓生呈五棱

色澤：
瓜皮以深橘色居多，也有綠色、彩色花紋

花形：葫蘆科，花朵是淡黃至橙黃

瓜葉：葉掌狀五裂，缺刻淺，深綠色，葉脈交界處有不規則斑紋，葉和籐皆有茸毛

味道：瓜肉結實但帶柔軟，烹煮後變腍軟，清甜可口，有瓜汁，味道濃郁兼具獨特味道

品種 / 類型

綠皮小南瓜，可在開花後約二十天採用日本南瓜外形及顏色的變化很多，個子小，扁平，嫩身的瓜肉是淡黃，老身的瓜皮和瓜肉則呈深橙色，味道集中又甜美。

成熟的日本南瓜，外皮變黃，瓜身扁平。

蜜本南瓜體積較小，長身如葫蘆，表皮光滑，肉質香甜，比較腍軟。

註：魚翅瓜、翠玉瓜屬南瓜的變種。

選購貼士

果蒂未乾縮，果粉明顯，成熟者會由綠色轉為紅或金黃色，瓜皮堅硬，墮手，瓜體完整，不軟不壞便可。但不同品種的揀選會有分別。

貯存期

耐存，放在陰涼地方，無需放雪櫃貯放，可達2~3個月也不變。如果已切開的南瓜，先取走種籽，再以保鮮紙包好放雪櫃存放，約可保存2星期左右。

處理

南瓜因皮硬，葉片和瓜籐佈滿剛毛，昆虫不愛接近，不易受到虫害，所以只要用刨削皮，挖走果瓤和種籽便可。

營養

- 胡蘿蔔素及所屬的葉黃素，有保護眼睛和視力的功用。
- 鎂質和鉀質成分，有益心臟健康。
- 含澱粉質和纖維素，能充飢飽腹和補充體力。
- 南瓜能黏結和消除鉛、汞等有毒金屬，可助降低亞硝酸鹽的致癌性，還能增強肝腎的再生能力，防禦有毒金屬的過份累積，預防環境中毒。

料理達人傳功

南瓜結實，不易切開，建議用刨削去硬皮，才比較容易切塊。南瓜的用途很多，切大塊炆排骨，待排骨炆到脸軟，才下南瓜塊煮至脸便可，否則南瓜烹煮過久，就會糜爛變茸，完全融入醬汁，找不到它的踪影。日本南瓜可連皮吃，其皮亦很軟。

唔講你唔知

瓜蒂新鮮是飽滿，有汁液，不枯竭，所以瓜肉薄而肉嫩滑。

成熟的黃金瓜，渾圓，色澤艷麗，瓜肉鮮甜美味。

南瓜的種籽，烘焙加工後就是白瓜子。

南瓜切開後，瓜瓤有點像棉花狀，瓜肉卻很結實。

矮瓜／茄子

瓜豆類

Eggplant

學名 *Solanum melongena* L.

粵音 Ai Gwa

別名 落蘇、茄瓜、矮瓜、吊菜仔、雞蛋果

當造月份 1 2 3 4 5 6 7 8 9 10 11 12

● 全年均有，尤以每年11月至翌年6月最佳。

分佈：原產於亞洲東南部和印度，再傳入美洲、中國、日本，甚至世界各地均有。

外形：
形狀多變，有圓形、橢圓、梨形等，其外皮光滑，質感柔軟

色澤：
紫色、紫黑色、淡綠色或白色

花形：茄科，大花，直徑 2.5~3 厘米，萼長1~1.5 厘米，花冠通常白色或紫色，有點像牽牛花

瓜葉：大葉，呈卵形至長圓狀卵形

味道／質感：嫩身茄子，味道清甜帶微苦，肉質嫩滑綿密，纖維不高；茄子老了，皮粗肉韌，苦澀味濃郁

品種／類型

長茄的果實細長，果皮呈紫紅色，主要於中國南部地區栽培。

手指茄子的果實修長纖幼，質感柔軟如美女手指，果皮呈深紫色，主要於台灣栽培。

圓茄呈圓球形狀的大型果實，果皮帶紫色或黑紫色，主要於中國北方或泰國栽培。

白皮泰國茄子，個子小，肉肥厚。

綠皮茄子，果實修長，上段窄而下段圓長。

日本種的茄子，渾圓飽滿，肥嘟嘟，皮色呈深紫，果肉厚實綿軟。

白茄子的果實與長茄相若，果皮呈白色，略厚。

選購貼士

紫皮越深就越嫩，顏色變淺反而是老茄子，飽滿輕身，皮薄帶光澤、其蒂青綠、硬挺含水份，以及未張裂者，輕搖瓜身，柔軟又彈力足。

貯存期

抹乾水份或自然風乾，並用保鮮紙封好置於雪櫃中可貯放約1星期。

處理

浸泡在水中15分鐘，清洗表面。

營養

- 茄子紫色的外皮富含維他命P，具有強化微絲血管的作用，使微絲血管保持韌性，不致硬化，故可預防血壓高和心血管疾病。
- 含有豐富的蘿蔔鹼、水蘇鹼(Stachydrine)，以及其他多種生物鹼(Alkaloids)，對降血壓的功效特別顯著。

料理達人傳功

茄子切開後，置放一段時間或經高溫加熱後，其瓜肉會呈黑色，因其含有丹寧而使果肉氧化。所以想茄子能保持色澤，避免氧化轉色，烹煮前可在切開後浸泡鹽水，或是先炸後炒，或是加入1湯匙油和少許鹽灼燙，或是盡量快炒不久煮，以防止過熟變色。

唔講你唔知

茄子種植時間越長，果肉會較為結實，果皮較厚。

吃茄子宜軟不宜硬，因為幼嫩的茄子，種籽尚未成熟，果肉飽滿，但當轉成熟時，它的養份轉移到種籽身上，所以茄子會變得皮硬肉薄，入口有渣。

茄子含強鹼性，容易感到有苦澀口感，必須徹底烹熟，進食後才不會出現不舒服的感覺。

它的苦味強弱可從其茄齡和大小判斷，以長度為8~16厘米的茄子，味道較好，如其茄身過長，味道較苦，如果它變老了，茄身的表皮出現褐斑，多種籽，味道亦較苦。

剛長出來的茄子，茄蒂大而果實小。

成熟後的茄子，果實修長又飽滿。

佛手瓜

瓜豆類

Chayote

學名 *Sechium edule* Swartz.

粵音 Fat Sau Gwa

別名 瓦瓜、萬年瓜、隼人瓜、合掌瓜

當造月份 1 4 5 6 11 12

● 每年11月至翌年1月，及每年4月至6月。

色澤：淺綠色至白綠色，瓜肉米白

外形：果梨形，具五縱溝，狀如兩手合掌或五指合攏，故名佛手瓜或合掌瓜

花形：葫蘆科，花朵是淡黃至橙黃

瓜葉：蒲扇形，有點像荷葉，由淺綠色至深綠色

味道／質感：清質感細緻，味道與青瓜相似，微甜且爽口，烹煮後瓜肉脸軟

分佈：原產於中美洲墨西哥，及後傳入美國、歐洲、中國、日本及東南亞各國。

選購貼士

果皮光澤亮麗，無外傷為佳。

貯存期

果實耐儲存，置於陰涼通風處可保存 1星期，放在雪櫃貯存約可放2星期。

處理

清洗乾淨，削皮去核，便可食用。

營養

- 佛手瓜含有葉酸(folic acid)，能促進骨髓中的幼小細胞發育成熟形成正常形態的紅細胞，從而避免地中海貧血。
- 尼克酸(niacin acid)可以促進消化系統的健康，減輕胃腸障礙。

料理達人傳功

瓜在削皮時會分泌黏液，可帶手套或用布握瓜，避免直接接觸，防黏液留在手上，如膠水貼在手裏，也可如處理青瓜的方法，在兩端切去然後在切口磨擦，讓膠質擦出來，也可以。

白瓜

White Gourd / Oriental Pickling Melon

瓜豆類

學名	*Cucumis melo* var. conomon
粵音	Pak Gwa
別名	稍瓜、生瓜、越瓜、菜瓜、酥瓜、醃瓜、甕瓜仔、甜瓜、羊角瓜

色澤：
深綠色或白綠色，白肉

外形：
長柱形和棒形，表皮光滑或有稜，有縱直的淺溝紋，有10條左右的溝紋，有時亦有白色的條紋

瓜葉：葉似圓形或多少為腎形，前端鈍而基部心形，五角稜或三至七裂，邊緣為粗鋸齒，底面皆有絨毛

味道：爽清甜脆，汁多清鮮，肉質細緻嫩滑

選購貼士

新鮮飽滿，挺直光滑，色澤鮮亮，沒有蟲口、黃斑、瘀傷，有墮手感覺。

貯存期

即買即煮，貯藏在雪櫃可保持約4~5天，當光澤消失，瓜身便出現黃斑或瘀傷，開始腐爛。

處理

直接用水清洗便可。

營養

- 礦物質鈣、磷、鐵、還能含糖、檸檬酸、維他命A、B族維他命，維他命C。
- 消熱化痰，利尿解毒，幫助消化、促進新陳代謝。

料理達人傳功

白瓜與一般瓜類相似，需要切去首尾兩端，再用已切出的白瓜在切口來回摩擦，出現一層濃稠的白膠質，這樣做可以防止瓜內的苦澀帶走，烹調後便不會苦澀了。

品種／類型

主要品種是白皮種、青皮種、花皮種(金線種)、香瓜。

當造月份

● 4~11月有生產，盛產期為6月到11月。

4 5 6 7 8 9 10 11

分佈：中國及熱帶亞洲，特別是中國東莞變為特產的夏令蔬菜。

老鼠瓜

瓜豆類

White Gourd

學名 *Cucumis melo* var. conomon
粵音 Lo Shu Gwa
別名 原名變色瓜，金芒果瓜、彩瓜

當造月份 2 3 4 5 6

● 每年2～6月均可播種，夏天盛產。

分佈：印度、馬來西亞。

外形：
瓜型奇特，兩頭尖中段粗

色澤：
瓜皮以白綠為主，幼瓜白帶綠花紋，果肉白色

瓜葉：葉深綠色，兩面密生茸毛，掌狀，葉脈放射狀

味道：脸滑清爽，肉薄細緻，瓜味清淡，沒有瓜腥，但別有一番的鮮甜

料理達人傳功

嫩瓜可炒菜或做湯，烹煮時需削皮，去核，快手以大火急炒，保持瓜肉爽脆，新鮮甜味，若烹煮過久，就會變黯黑，瓜肉變得太腍軟，沒有嚼口，切記快手兜炒數下便盛起。

選購貼士

新鮮飽滿，挺直光滑，色澤鮮亮。

貯存期

耐存，貯藏在雪櫃可保持約1~2星期。

處理

直接用水清洗便可。

營養

有補血、健胃、潤喉之功效

唔講你唔知

幼年的老鼠瓜，白色帶綠花紋，成熟瓜則有黃、橙、紅色，但隨其成長階段，改變顏色，因而又有變色瓜的稱為。當剝開外皮，裏面充滿一粒粒紅瑪瑙似的果實，因其瓜實的尺碼大小與老鼠身形差不多，遠看又如一隻老鼠，所以得名為“老鼠瓜”。

勝瓜 / 絲瓜

瓜豆類

Angled luffa

學名	*Luffa acutangula*
粵音	Sing Gwa / Sze Gwa
別名	水瓜、勝瓜、八角瓜、菜瓜

當造月份

5~10月（7~9月當造）。

5 6 7 8 9 10

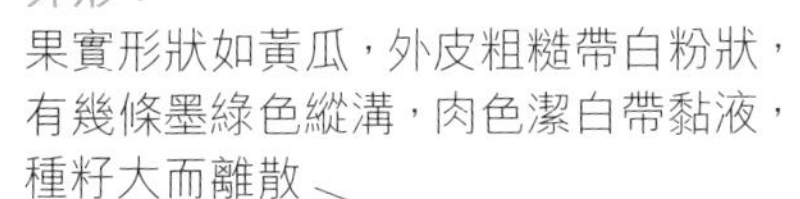
外形：
果實形狀如黃瓜，外皮粗糙帶白粉狀，有幾條墨綠色縱溝，肉色潔白帶黏液，種籽大而離散

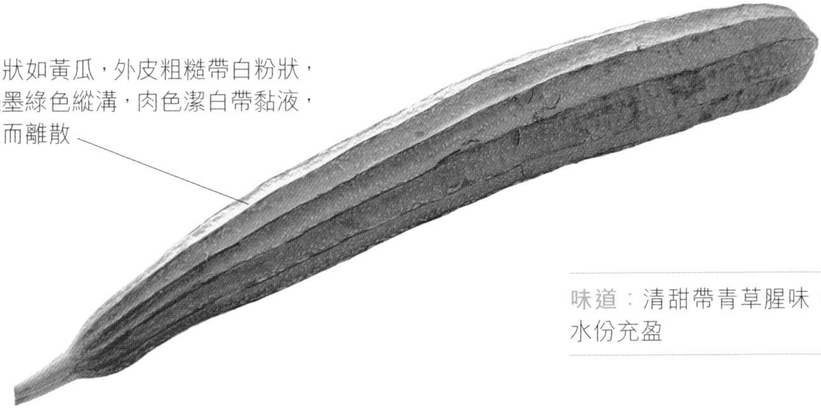

味道：清甜帶青草腥味，水份充盈

分佈：亞洲，於6世紀時傳入中國，再轉移到日本。

選購貼士

新鮮絲瓜的水份飽滿，表皮帶光澤，瓜蒂飽滿不乾涸，菱邊立體帶重，輕輕搖動，立即出現彈跳的柔軟度，表示瓜身嫩而核細無骨，老了的絲瓜的水份不足，有渣和核大。

貯存期

放於室溫可存4~5天，但瓜蒂明顯收縮變乾，出現喑啞。

處理

把外皮清洗，用刨削掉硬皮，切勿把綠皮去盡，保持適量的嚼勁。

營養

絲瓜含有豐富維他命B雜、維他命C，能防止皮膚老化，消除色斑，具美膚效果。

品種 / 類型

本地品種外皮色澤帶重粉質，比較短小；中國品種呈深墨綠或淺綠色。水瓜屬無菱絲瓜〔即圓筒絲瓜（Luffa cylindrica）〕

唔講你唔知

果實的纖維未成熟而變發達前，可作蔬菜吃用，要是它變成熟，其纖維形成為粗網絡組織，難於下咽，唯有去皮曬乾變為擦抹用的抹布。

魚翅瓜

瓜豆類

Spaghetti Squash / Black-seed Gourd

學名 *Cucurbita ficifolia*

粵音 Yue Chi Gwa

別名 黑子南瓜、米粉瓜、金絲瓜、冬粉瓠

當造月份 1 2 3 4 5 6 7 8 9 10 11 12

● 秋末初冬之際適時播種，9月至翌年3月期間，尤以10月至12月種植的魚翅瓜更佳。

分佈：原產地是南美洲，以美國、墨西哥、阿根廷、智利、祕魯等，甚至在日本、東南亞都有種植。

外形：
瓜形多變，長身、圓身、橢圓和橄欖形也有，外形似西瓜，又像哈密瓜，皮很硬，與南瓜特徵相似

味道：
苦澀回甘，未成熟時會爽脆味淡，苦澀味不高；成熟品則脆中帶脍，味道濃郁，苦澀甘味重

色澤：
花白色至綠中帶白色，瓜肉潔白

花形：葫蘆科，開黃色的合瓣花

瓜葉：葉呈綠色，呈心狀卵形或五爪形

選購貼士

果實飽滿，呈淡黃色，可存放在涼爽的地方 2~4 個月，身重而肉厚，瓜皮有均勻白灰者為上品。

貯存期

在陰涼通風處可長時間保存，但久放肉質會萎縮。

處理

用水稍微沖洗後，切除外皮和瓜瓤即可烹調食用。

營養

含豐富維他命，低脂高纖。

料理達人傳功

瓜肉味道不濃，適合搭配瑤柱、日月魚、蝦米、鮮雞或豬肉等提升味道，曾試把瓜連皮煲湯，味道苦澀，建議去皮煲湯，味道鮮甜清爽，比較妥當。

品種 / 類型

有白綠色條紋和全身是黃色。

冬瓜

瓜豆類

Winter melon, Wax gourd

學名 *Benincasa hispida* Cogn.
粵音 Tung Gwa
別名 白瓜、水芝、枕瓜、白冬瓜、東瓜

外形：
小果型冬瓜早熟，果實較小，近圓形，如“北京一串鈴”和“台灣圓冬瓜”；大果型冬瓜晚熟，果實碩大，長圓柱形，外皮披蠟粉，如“廣東青皮冬瓜”和“湖南的粉皮冬瓜”，一般可重達 10 至 20 千克

色澤：
淺白至淡綠，綠皮白肉

花形：葫蘆科，花單性，雌雄同株，黃色

瓜葉：葉近圓形，5~7 淺裂或中裂，兩面有硬毛

味道 / 質感：清淡脸滑，未烹煮時結實；煮熟後變透明和脸軟，質感有沙沙兼糜爛

選購貼士

身重而肉厚，瓜皮有均勻白灰者為上品。

貯存期

在陰涼通風處可長時間保存，但久放肉質會萎縮。

處理

用水稍微沖洗後，切除外皮和瓜瓤即可烹調食用。

營養

- 水分豐富，能為人體補充水分之餘，亦帶來利尿的功效，避免水腫發生。
- 進食後予人飽腹感覺，對控制飲食和體重有幫助。

料理達人傳功

近年有迷你冬瓜，只3~4斤重，以青皮鋪滿白霜為主，清甜肉脸，適合用作家庭式燉湯，放些燒鴨、冬菇、金華火腿、蓮子、百合與上湯，實是消暑妙品。

唔講你唔知

未成熟的冬瓜果實表面有毛，因而亦會稱為毛瓜；果實成熟時表皮形成一層蠟質白霜，因而利於久存。

冬瓜小時與節瓜的外形相近，驟眼難分辨。

雌花有圓囊於花朵下端。

雄花沒有圓囊於花朵下端。

當造月份
● 每年3月至9月，冬季亦可生成。
1 2 3 4 5 6 7 8 9 10 11 12

分佈：原產於中國和東印度，分佈於亞洲熱帶地區，尤以廣東海珠區、白雲區、番禺較著名。

青瓜

當造月份 1 2 3 4 5 6 7 8 9 10 11 12

● 全年均有，每年4月至10月最佳。

瓜豆類

Cucumber

學名	*Cucumis sativus* L.
粵音	Ching Gwa
別名	長青瓜、黃瓜、胡瓜、刺瓜、王瓜

外形：
莖的上覆毛，果實為長形或棒形，
一般長約 15 至 30 厘米，
表面有小刺或瘤狀
凸起

色澤：
皮呈深綠，果肉呈白色

花形：葫蘆科，花單性，雌雄同株，黃色；成熟時變黃綠色

瓜葉：葉片外觀有3~5枚裂片，覆有絨毛，葉心狀卵形

味道：口感脆嫩，瓜汁豐富，有濃烈瓜腥，香味清新，爽脆清甜

分佈：原產於印度北部，及後傳入中國。

選購貼士

果皮呈深綠色，表皮多刺突起具立體感，挺直飽滿，沒有軟塌塌或果皮起皺紋，失去水份和光澤，頂花帶刺。

貯存期

青瓜可用衛生紙張包裹放在陰涼處保存，或用保鮮紙封好後置於雪櫃中，約可保存1周。

處理

徹底清洗，可削掉部份表皮或全皮，亦可保留原皮，但必須清洗乾淨。

營養

- 青瓜富含水分，能解渴和補充身體所流失的水份，有助維持人體正常體溫。
- 維他命C具有阻止黑色素沉澱，故有美白效果。

料理達人傳功

本地青瓜的身長而圓潤，瓜汁豐富，不適合生吃，宜切薄片，用猛火快炒，烹調時間短，保持脸滑爽甜的特質。日本溫室青瓜就應生吃或做沙律，其肉質爽脆少汁，清甜沒有渣，入口清新。

唔講你唔知

在採摘和運輸過程，有時瓜面會有泥巴，容易受到污染而沾有大腸菌、痢疾桿菌，甚或傷寒桿菌和蛔蟲卵，故生吃時，必須徹底洗淨兼用開水燙洗一下。

日本溫室青瓜受粉後，在花的子房開始發育。

花朵顏色是黃

豆角

瓜豆類

Chinese Long Bean, Yard-long Bean, Asparagus Bean

學名 *Vigna unguiculata* subsp. Sesquipedalis

粵音 Dau Kok

別名 帶豆、長豇豆、尺八豇

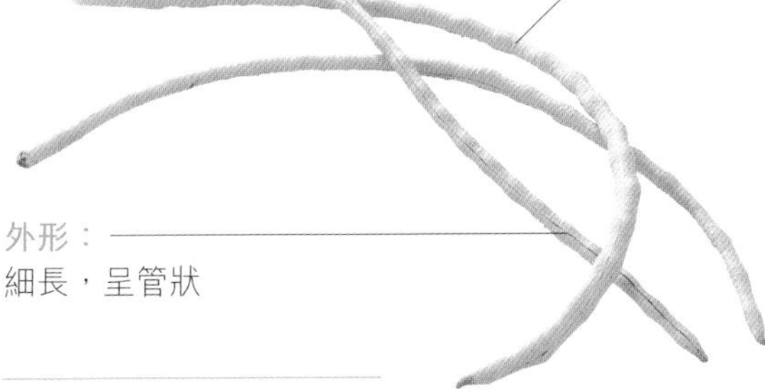

外形：
果莢青色帶光亮；種籽與種籽間密集相連；每莢含8~20粒的結實種籽；
青莢柔嫩而細長

外形：
細長，呈管狀

味道：甜中帶豆腥味，味道濃郁

選購貼士

表皮帶光澤而飽滿，豆粒渾圓，全株結實，無蟲咬，果蒂結實堅挺

貯存期

置冰箱中可保存4~5天，但經冷藏的豆角，質感會變軟而不夠結實。

處理

浸於清水中約10分鐘，用手輕擦，吃時才分段。

營養

富含蛋白質和多種氨基酸、維他命B和維他命C、植物蛋白質。

註：白豆角的種籽與種籽間不連密，嫩莢較肥大略軟綿，呈淺綠或綠白色；紅豆角與綠豆角外型相若，莢果呈紫紅色，比較粗短。

料理達人傳功

豆角含有草和豆腥臊味，可以先把豆角用清水焓煮片刻，讓其軟身才炒，可避免了那腥臊味。要是想享用有"鑊氣"的豆角，就要燒鑊至冒煙，下油和薑蒜茸爆香，放入豆角，灒酒和灑水，降至中火，蓋鑊蓋焗片刻，鑊氣足又可辟去腥味。

當造月份

● 全年（4～7月）。

1 2 3 4 5 6 7 8 9 10 11 12

品種／類型

分為青莢（短豆角／肉豆）、白莢（白豆角）和紅莢（紅豆角）

元朗紅色豆角

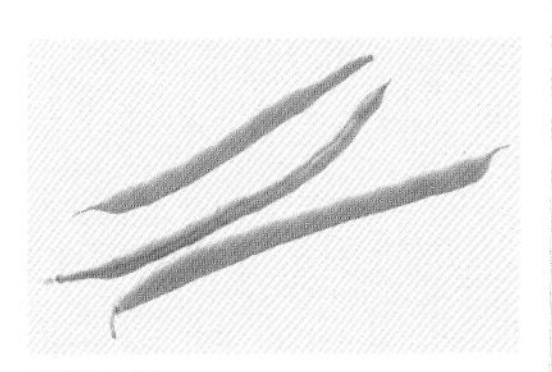

玉豆角

分佈：起源於非洲和印度，其次是中國。

唔講你唔知

豆角含有皂素，不能生吃，否則紅血球裏的溶血素便會受到破壞，引發嘔吐、腹痛和四肢無力等症狀。

蘿蔔

根莖類

Radish , Chinese radish

學名 *Raphanus sativus* L.

粵音 Lou Bo

別名 萊菔、蘿菔、蘿白、蘿蔔籽

當造月份
1 2 3 4 5 6 7 8 9 10 11 12

● 全年均有，尤以每年11月至翌年6月最佳。

分佈：蘿蔔起源於地中海東部，亞洲西部，及後傳至中國、台灣、日本，甚至世界各地。

色澤：
有淺青色、白色、米白色

外形：
十字科，果體肥大粗壯，根莖呈圓球形或橢圓形，外表淺青色，內肉白色。根莖呈長圓筒形外表較為白色，內肉一樣是白色

蘿蔔葉：基生葉大頭羽狀分裂，青綠色的長角果圓柱狀

味道：清甜帶點辛辣的味道，多汁肉脆，烹煮後變腍滑柔軟，香氣清鮮

品種 / 類型

紅皮蘿蔔

青蘿蔔

選購貼士

果體潔白，肥大飽滿，多汁，皮薄肉脆，沒有太多根孔，表皮沒有黑點，重身墮手。秋冬上市，選純尾；交春的產季就選尖尾。

貯存期

置陰涼地方可貯3~5日，但隨日子過去，果體會變乾變韌。

處理

買回來的蘿蔔，先把頂部的葉梗撕去，避免葉梗抽去蘿蔔本體的水份。

營養

- 現代研究指出白蘿蔔含芥子油、澱粉酶和粗纖維，能抗革蘭氏陽性細菌和真菌，以及溶解膽囊內的結石，加強腸胃消化能力，對於消除腸胃脹氣，治急慢性氣管炎，老年性咳嗽和化痰的作用。
- 含木質素（Lignin），能提高巨噬細胞(Macrophage)的活力。
- 多種酶能分解致癌的亞硝酸胺（Ammonium nitrite），具有防癌作用。
- 還有含大量葡萄糖、果糖、蔗糖和維他命C、維他命B_1、蘿蔔籽含脂肪油、揮發油、亞油酸和抗菌物質萊菔素。

料理達人傳功

味道清甜的蘿蔔，肉質脆嫩，多汁味辛辣，如果想做泡菜，先削皮切片，不要太薄，沒有質感，然後下點鹽撈勻，讓蘿蔔的汁液排出，沖水後揸乾，才加入糖醋浸泡，蘿蔔因為大量水份已流出，所以味道更集中，原汁原味。

唔講你唔知

蘿蔔宜生吃，因為它的澱粉不耐熱，若遇到溫度達70℃時，便被破壞，加上維他命C也容易受熱而消失。

小小蘿蔔苗，只看到圓圓葉子，根部還很脆弱。

果體很小，因為生長時間不足，待成熟後，果體可以變大一點。

成熟的蘿蔔會露出表土，只要輕輕一拔，就手到拿來。

甘筍

當造月份
1 2 3 4 12

● 12月～4月（花期5～7月）。

根莖類 Carrot

學名	*Daucus carota* L. var. sativa DC.
粵音	Gam Seon
別名	紅蘿蔔、胡蘿蔔

色澤：
黃、橙、橙紅、紫等顏色

外形：
繖形花科，基生葉2~3回羽狀深裂

花形：頂端各著生一復傘形花序，有糙硬毛，花朵為白色或淡紅色

味道：清甜含獨特腥臊味道，氣味濃郁，果汁濃稠

果實：
圓卵形，肉質根有長筒、短筒、長圓錐及短圓錐等

分佈：亞洲，於10世紀從伊朗傳到歐洲，及後傳入中國。

選購貼士
表皮光滑無裂痕，結實墮手，飽滿沒有長氣根，葉頂位置呈亮麗橙色。但秋冬天氣乾燥容易出現爆口。

貯存期
儲放在陰涼通風處，可置8~10天。

處理
洗淨去皮便可用。

營養
含有豐富鉀、鈣、鎂、鐵、磷和可轉化成維他命A的胡蘿蔔素，有助預防夜盲症。當中的葉黃素和粟米素可助預防視網膜病變。

料理達人傳功

胡蘿蔔是植物的根，可直接生吃或熟食。東方人調入糖醋與生甘筍絲、條或丁粒做成泡菜以佐膳或涼拌料，當然不會煮熟，只靠糖醋軟化組織。至於熟食就作盤飾或配料添色而已。近年，廚師們愛把它打成菜汁與麵糰混合，作天然色素使用，以美化麵條或糕餅。

泥土下的甘筍

品種／類型

雜色糖芯甘筍

唔講你唔知

甘筍的風味來自其萜烯類，它含揮發性油份的特質和味道獨特，自然產生了一種甜中帶腥的味道，不是人人皆能接受，但經過烹煮後會把許多不討喜味道蒸發掉，留下蔬菜裏鮮甜味道，再與別的材料混合，散發迷人香氣，為了保留維他命，建議先煮熟才以刀章加工。

番薯

根莖類

Sweet potato, Yam

學名	*Ipomoea batatas*
粵音	Fann Syu
別名	紅薯、甘薯、山芋、地瓜、紅苕、綫苕、白薯、金薯、甜薯、朱薯、枕薯

當造月份：春夏秋冬。1 8 9 10 11 12

分佈：中國、印度、東南亞。

外形：
屬旋花科。番薯是多年生雙子葉植物，莖細長，有根鬚，果實埋於地下，顏色形狀各異，或圓形或長形，大小不一

色澤：
番薯多為紅色或黃色，也有白色的月光薯，還有新興的紫色

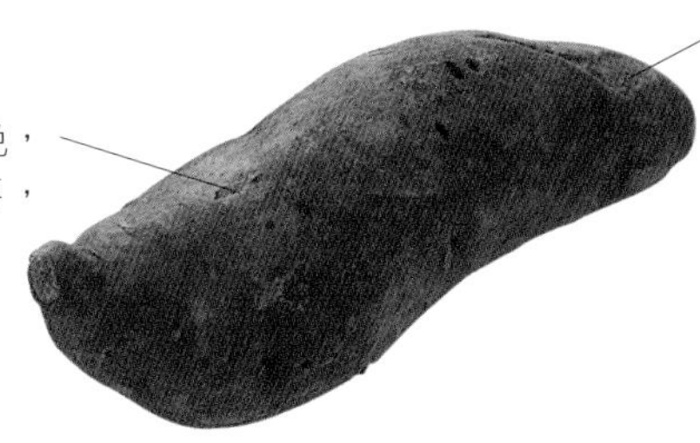

花形：圓形合瓣花，花瓣多為白色、粉紅或淡紫色，中間則為深紫色，有黃色花蕊

番薯葉：葉片形狀、顏色會因品種而有所不同，多為卵形單葉，也有三瓣或五瓣的

味道：甘甜

品種 / 類型

揀番薯看到有糖膠，甜味足夠。

番薯菜或蕃薯苗。

選購貼士

要選擇表面光滑、乾淨、堅硬、有光澤的，如果有洞或有黑斑的話，表示儲存方法不良或者病變。

貯存期

適宜存放在11~15℃乾燥、密封地方，可儲存約1年。

處理

可以連皮一起炆，也可切塊煮湯、剁成茸入饌比可。

營養

- 番薯的黏液蛋白可維持血管壁彈性，使壞膽固醇減少，皮下脂肪減少沉積，保護呼吸道、消化道等。
- 它含有類似女性荷爾蒙物質，可以護膚、抗老。
- 含去氫表雄酮物質能抗癌。膳食纖維可促進腸胃蠕動，預防便秘。

唔講你唔知

生番薯中含有腸胃消化酵素抑制劑，會影響人體消化吸收，因此生食番薯容易產生打嗝、腹脹等不適症狀。番薯最佳的食用方式，應經過較長時間的蒸煮，使所含腸胃消化酵素抑制劑被高溫分解破壞，食用後就不會出現以上問題。

芋頭

當造月份
1 2 3 4 5 6 7 8 9 10 11 12

● 秋、冬季節。

分佈：中國、印度、東南亞。

根莖類

Taros

學名 *Colocasia esculenta* (L.) Schoot
粵音 Wu Tau
別名 蹲鴟、芋魁、芋根、土芝、芋奶、芋艿

外形：
屬天南星科。圓形、卵形或塊狀

色澤：
果實外表粗糙、有毛、多為棕色，果肉則為白色、米白色及紫灰色，有的還有粉紅色或褐色的紋理

花形：芋頭要在高溫情況下才會開花。芋頭花只有一片花瓣，像竹殼一般，中間是挺拔粗厚的花蕊，形狀有點像馬蹄蓮，雄花黃色、雌花綠色

芋頭葉：葉子寬大、呈盾形，葉柄長而粗，呈綠色或粉紅色，直接長在球莖上

味道：有濃郁香味，重澱粉質

選購貼士

宜選結實、沒有斑點的，體型要勻稱，。切開時，肉質要白嫩、汁液要呈粉質，否則便是次品。

貯存期

芋頭宜放在乾燥、陰涼、通風的地方，切忌放在濕冷的地方裏，如冰箱，否則會腐爛。而且由於芋頭保存期不長，故要儘快食用。

處理

削芋頭時，要先戴上手套，避免沾到芋汁，引起過敏。如果不慎過敏，則可以用薑汁擦拭患處，或者泡醋水。

營養

芋頭含蛋白質、鈣、磷、鐵、鉀、鎂、鈉、胡蘿蔔素、煙酸、維他命、皂角甙和豐富礦物質。

料理達人傳功

芋頭可以水煮、也可以烘烤。烘烤時在芋頭上塗上忌廉或調味醬，烤出來的芋頭便不會過乾了。

唔講你唔知

芋頭有益，但卻千萬不能與香蕉同吃，否則會腹漲，甚至引發生命危險。而芋頭葉和芋頭梗卻是可以食用的。

竹芋

根莖類

Bermuda Arrowroot, rhizome of Bermuda Arrowroot

學名	*Maranta arundinacea* Linn
粵音	Zuk Wu
別名	粉薑、葛鬱金、粉薯、藕仔薯、土百合、箭根

料理達人傳功

竹芋含豐富的澱粉，具粗纖維兼有菱角的獨特氣味，可以放湯或磨粉做調稠劑，由於它是物料的瘦物，故需要搭配禽肉燜煮，才能把淡淡香甜味誘出。香港人愛把它作煲湯材料，但中國人則以磨粉做糕點，或是用作清熱利濕和止肺熱咳嗽的民間湯飲。

當造月份
10月～2月(花期為秋季)。

1 2 10 11 12

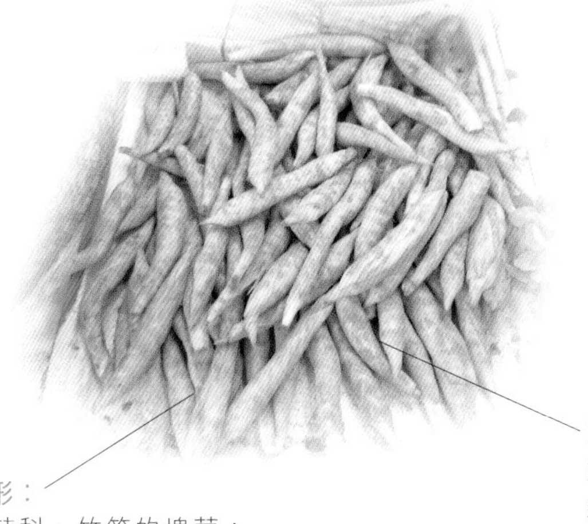

外形：
竹芋科，竹竿的塊莖；
根狀莖呈紡錘形

葉：
葉薄呈卵形或卵狀披針形，上面披長柔毛，有長而窄的葉鞘白色小花具短花梗，萼片狹披針形

分佈：原產於蓋亞那和巴西，後轉到西印度群島、東南亞、澳洲和南非。

選購貼士

完整無缺，墮手含水份，莖體粗短而飽滿。

貯存期

置陰涼地方可放8~10天。

處理

把外皮削去，用清水沖洗便可。

營養

它含維他命、澱粉質及纖維質，還有豐富維他命B、C、E、鎂、鋅、鈣、類黃酮、粗蛋白等不同礦物質元素。

唔講你唔知

它的葉片狀似竹葉而根莖紋路又像芋頭，故稱竹竿。其成分不含維他命和少於零的蛋白質，但澱粉質成分很高，適合做湯、調味汁、布甸和增稠劑。農人們會在塊莖澱粉含量最高時收穫，然後把根去皮，與清水磨幼後乾燥，經數次洗滌成竹芋粉以備用。

紅菜頭

根莖類

Beetroot

學名 *Beta vulgaris*
粵音 Hung Choi Tau
別名 甜菜根、紫菜頭、糖蘿蔔、甜菜頭、根甜菜

當造月份
● 一年四季均有供應。
1 2 3 4 5 6 7 8 9 10 11 12

分佈：法國、羅馬尼亞、俄羅斯、波蘭、英國、德國、烏克蘭、美國、土耳其、意大利。

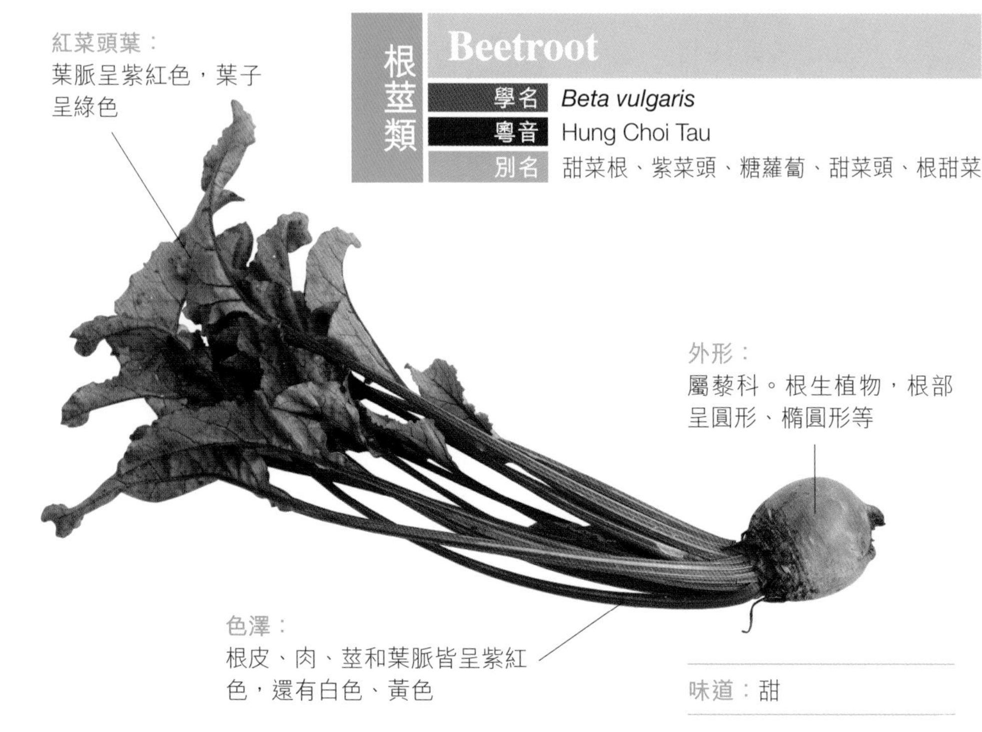

紅菜頭葉：
葉脈呈紫紅色，葉子呈綠色

外形：
屬藜科。根生植物，根部呈圓形、橢圓形等

色澤：
根皮、肉、莖和葉脈皆呈紫紅色，還有白色、黃色

味道：甜

料理達人傳功

把菜頭和菜葉切碎、爆炒就很好吃了。亦有廚師用作伴碟和煲紅色的湯，小心紅葉頭的天然紫紅色素會沾染在衣服或皮膚上，不易洗掉。

品種 / 類型

金菜頭

選購貼士

葉子鮮嫩、根球表面平滑有光澤，沒有腐爛，手感堅硬。

貯存期

用保鮮紙包好後，放置於冰箱內貯放，保存期約1星期。

處理

切片、打成茸皆可，葉子和根部都可以吃。

營養

- 紅菜頭含有豐富的礦物質；其錳含量是所有植物中最高的，錳可與鐵結合成肝臟和紅血球所需的養分。同時100克紅菜頭所含的葉酸，已足夠一個人每日所需的50%，而葉酸又是身體製造紅血球不可缺少的物質，可見其補血功能很強。據研究發現，從紅菜頭萃取的結晶物質具有抑制血中脂肪、協助肝臟細胞再生與解毒的功能云云。
- 甜菜頭中含有碘(Iodine)的成分，對預防甲狀腺腫以及防治動脈粥樣硬化都有一定療效。甜菜頭的塊根及葉子含有一種甜菜鹼(Betaine)成分，是其它蔬菜所未有的，它具有和膽鹼(Choline)、卵磷脂(Lecithin)生化藥理功能，是新陳代謝的有效調節劑，能加速人體對蛋白的吸收改善肝的功能。

唔講你唔知

甜菜頭英文稱Beetroot，學名為Beta vulgaris L.，它的葉脈和葉柄都帶紅色，球形，這種蔬菜適宜生長在冷涼氣候，在香港天涼季節也可以栽種。由於根部含糖粉很高，所以在北歐地區沒有甘蔗，就用它來造糖。紅甜菜頭亦是天然的染色材料。

農田裏的甜菜頭

甜菜頭的根埋在地下，莖葉直接從頭上長出來。

這是塊莖。

整棵甜菜頭。

甜菜頭的莖葉，可搾沙律或野菜享用。

芥蘭頭

根莖類

Kohl Rabi

學名	*Brassica oleracea* L. Gongylodes group
粵音	Kai Lan Tau
別名	球莖甘藍、大頭菜、結頭菜、菜叩、擘藍

當造月份 1 2 3 4 5 6 7 8 9 10 11 12

● 10月中旬到翌年2月上旬。

分佈：原產於歐亞邊界，後到中國，現傳到日本。

菜葉：
屬十字花科，長而闊的葉形，葉柄肥壯、密集又細嫩

色澤：
灰藍至淺綠色，喑啞而不亮麗，果粉明顯(港人稱為灰白銀粉)，偶有紫衣

外形：
圓球型或扁球型，球莖飽滿，多與菜柄和葉子連在一起售賣

味道 / 質感：清甜爽脆，多汁

選購貼士

葉柄新鮮而密集，球莖充滿水份，型體扁圓，外形球莖，底端葉梗未脫落、粉質表皮，莖肉未呈紋狀者為佳。

貯存期

即買即吃，由於容易纖維化，不耐貯存。

處理

買回來時，削掉外皮，切薄片或厚片，加點鹽撈勻殺青，便可烹調。

營養

- 含維他命A、B和C，能溫補內臟、止渴止咳。

料理達人傳功

芥蘭頭看似爽脆，但容易變纖維化，質感變硬不爽脆，所以切薄片後用點鹽巴撈勻，沖水，稍焯煮變色，可作涼菜。切厚片則可以與瘦肉、五花腩肉快手兜炒，或是把肉預先炆好，最後才加入煮腍，否則它會變爛泥狀，不好吃的。

唔講你唔知

芥蘭頭不是芥蘭菜的一部份，卻是指球莖甘藍，英文稱Kohl-rabi，學名Brassica oleracea var. gongylodes，是二年生作物，食用部份為膨大的球狀莖，故有球莖甘藍之稱，揀選時挑幼嫩的，若過老則變韌而纖維多，不堪食用了。購時選外形球莖底端葉梗未脫落、粉質表皮，莖肉未呈紋 狀者為佳。香港人喜取之作炒食，在台灣則主要用來煮排骨湯，或鹽漬做醬菜、大頭菜等。

紫色芥蘭頭。

芥蘭頭的葉柄粗壯，球莖在土上。

蓮子

水果類

Loutus Seed

學名 *Semen Nelumbinis*

粵音 Lin Ji

別名 白蓮、蓮實、蓮米、蓮肉

當造月份 1 2 3 4 5 6 7 8 9 10 11 12

分佈：中國。

味道：芳香醇厚，清甜鮮美

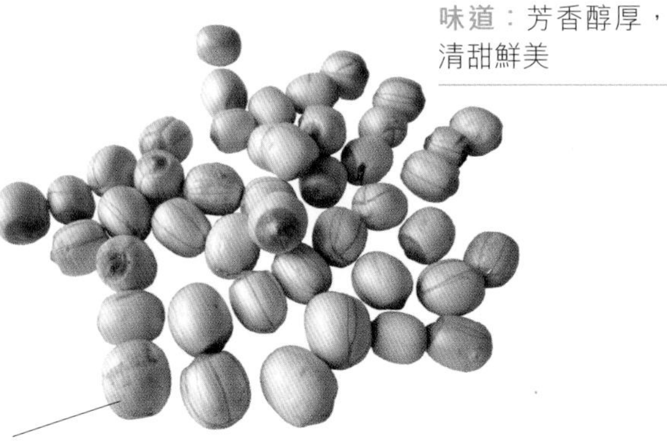

外形：
荷花的成熟種籽；呈橢圓形或類球形；表面呈淺黃棕色至紅棕色，具細縱紋和較寬脈紋；剛採下的蓮子外有一層種皮；一端中心如乳頭般凸起，呈深棕色，多有裂口而周邊略下陷

選購貼士

渾圓飽滿，無瘀傷或腐爛，沒有異味，香味清鮮，乾爽堅挺，完整無缺。

貯存期

用保鮮袋包裹，置於冰箱4~5天，要是放進冰格需可保鮮，但容易入雪，喪失天然糯軟質感。

處理

把蓮子浸清水5~10分鐘，可用小刀分開取走蓮芯，但要保有原粒就要用牙籤從底部向上插，挑走蓮芯，否則會令菜餚變苦澀。

營養

蓮子營養十分豐富，它含有大量澱粉，還有 β-谷甾醇、生物鹼及豐富鈣、磷、鐵等礦物質。

料理達人傳功

愈新鮮的蓮子，當剖開後會有一層薄薄的黏液，若鮮蓮子已擺放一段日子，其果肉收縮變皺，果汁減少變乾，甚至出現瘀傷，失卻吃鮮蓮子的風味。新鮮蓮子可作蔬菜，質感易脸變糯軟，可做菜餚、甜點和餡料。

品種 / 類型

蓮子：去了種皮，顏色微黃帶白。

蓮芯：綠色胚芽，具兩片淡黃色子葉，苦味很重。

唔講你唔知

蓮子含生物鹼多具苦味，故其味有時出現極苦且辛辣，容易刺激唇舌的焦灼感。俗語有説："啞仔吃黃蓮，有苦自知"，乃指蓮芯。其實蓮子視作保健藥膳時，一般不棄青綠色胚芽的蓮芯，味雖苦卻有清熱安神的功效。

士多啤梨 / 草莓

Strawberry

水果類

學名	*Fragaria ananassa* Duchesne
粵音	Sze Doh Pei Li
別名	洋莓、地莓、地果、紅莓、士多啤梨、高粱果、地桃

料理達人傳功

新鮮草莓有獨特風味，散發新鮮甜蜜果香，一般會以鮮吃為主，外國人愛做果醬，但不是每個產地都美味，中國品種皮厚欠果香，近年美國品種的味道變淡，反而韓國和日本品種會按甜度分等級，所以鮮吃揀甜的品種，做果醬或醬汁就任何品種也可以。

當造月份

● 香港全年均有供應，最合適為3至8月。

1 2 3 4 5 6 7 8 9 10 11 12

果葉：
草莓的葉子是三複葉，呈圓形或菱形，有細茸毛，邊緣有小鋸齒

外形：
果實呈心形，外表有一粒粒的種籽

色澤：
葉子為綠色，果實為鮮紅色

分佈：原產於西伯利亞西部。現分佈於朝鮮、蒙古，以及中國東北、西北和華北等地區。

花形：屬薔薇科。5~6瓣的白色小花

味道：甜蜜兼散發誘人香氣，果汁豐盈

選購貼士

以果實完整、富有光澤、色澤紅熟、無外傷或受病蟲害者為佳。如變褐變軟，並有汁液流出，即表示已腐壞。

貯存期

保存前不要清洗，帶蒂輕輕包好勿壓，放入雪櫃冷藏。建議購買後儘快食用，不宜久存。

處理

以清水慢慢沖洗。

營養

- 草莓含豐富鎂質，有助舒解精神壓力，還可以預防壞血病，防治動脈硬化、冠心病、腦溢血等疾病。草莓含維他命及果膠(Pectin)對改善便秘和治療痔瘡、高血壓、高膽固醇等。
- 草莓中所含的草莓酸有殺菌、消炎、去腫的作用。

唔講你唔知

正常的草莓外觀應是心形，但現在市面上有很多草莓鮮紅碩大，形狀也較獨特，甚至奇怪地突起，咬開後中間空心。這種莓往往是在種植過程中濫用激素，長期食用可能損害健康。尤其是孕婦和兒童。

當造月份 1 2 3 4 5 6 7 8 9 10 11 12

● 香港全年均有供應。

分佈：中國、馬來西亞、非洲、澳洲、中美洲。

蕉

水果類 Banana

學名 *Musa sapientum* L., Musa 'Paradisiaca'

粵音 Chiu

別名 甘蕉、高腳蕉、弓蕉、芽蕉

色澤：果皮鮮黃、果肉白色

外形：彎梭狀、排成一串串

花形：屬芭蕉科。穗狀花，淡黃色

果葉：大塊、直接長在莖上，葉片呈圓形或橢圓形

味道：香、甜

品種 / 類型

香蕉的栽培品種主要有香牙蕉、仙人蕉、北蕉和廣西的龍蕉。香蕉的品種繁多，約130餘種，如甘蕉、板蕉、香牙蕉、膽瓶蕉等，其中以香牙蕉品種最為優良。

本地出產的牛奶蕉，味道集中甜美，質感幼滑如奶，成熟後含淡淡清甜香味。

香蕉連蕉花，而蕉花可作東南亞沙律享用。

本地的另一品種的香蕉，肉質爽甜，中間位置帶有粗纖維。

黑山大蕉，當成熟時，其外皮會變黑，樣子奇醜，有點像腐爛似的，當剝去蕉皮，內裏肉色淡黃，散發一股甜蜜香味，質感柔滑脸軟，味道很好。

選購貼士

顏色鮮黃、沒有斑、光滑潤澤。開最好完整一梳購買，不要強力撕。

貯存期

2~4天，適宜在 10~25℃ 的條件下儲存，溫度太低反而會使它凍壞，故不應放雪櫃內，很容易令蕉皮變黑。

處理

由於香蕉在香蕉樹上完全成熟時，果皮易裂，不利於搬運及貯藏。故採收大多於7~8分熟時，果皮仍為青綠色狀態就開始採收，故通常不是能夠馬上食用的水果。

營養

- 香蕉的糖分可迅速轉化為葡萄糖，立刻被人體吸收，是一種快速的能量來源。
- 香蕉屬於高鉀食品，鉀離子可強化肌耐力，因此特別受運動員的喜愛。
- 多吃香蕉，可預防高血壓和心血管疾病。研究顯示，每天吃兩根香蕉，可有效降低血壓。
- 香蕉對失眠或情緒緊張者也有療效，因為香蕉包含的蛋白質中帶有氨基酸，具有安撫神經的效果，因此在睡前吃點香蕉，多少可起一些鎮靜作用。

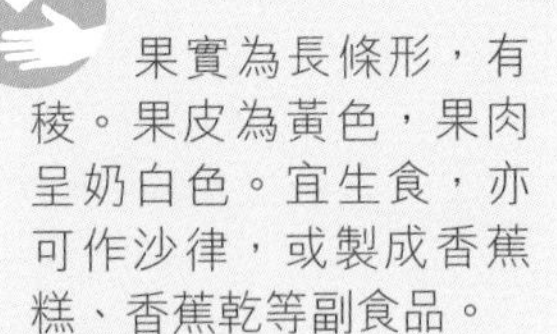

果實為長條形，有稜。果皮為黃色，果肉呈奶白色。宜生食，亦可作沙律，或製成香蕉糕、香蕉乾等副食品。

唔講你唔知

我們既不適宜空腹或過量食用；亦不宜進食未成熟的蕉類。香蕉含有易被嬰兒吸收的果糖，對於水瀉不止的乳糖酶缺乏嬰兒，可作為主食餵養。

菠蘿

水果類

Pineapple

學名 *Ananas comosus* (L.) Merr.

粵音 Bo Lo

別名 鳳梨、黃梨、番菠蘿

當造月份 7 8 9 10

● 香港全年均有供應，最合適為7至10月。

外形： 果實為長圓形，可長達 30 厘米。外殼分成多個六邊形。重量可達 4 千克。除鮮食外，可搾成果汁，亦可製成蜜餞和作罐藏

色澤： 果肉為黃色或白色，中間是纖維極高的果芯

果葉： 長形，像長劍，長者60厘米，短者15厘米，沿基部呈杯狀環生，葉緣有鋸齒，色澤淡青、淡綠，有色斑

花形： 屬鳳梨科。花貌千姿百態，或像雪糕筒、或像星星、或大如臉龐、或小如手指，非常艷麗

味道： 酸甜

分佈：原產於南美巴西。十五世紀時由哥倫布第二次到美洲時傳入北美洲。十六世紀時熱帶各國相繼引種。十七世紀初由葡萄牙傳入澳門後及至中國廣東、福建、台灣亦開始引種栽種。現世界各熱帶地區均有栽種。

品種 / 類型

可分為三大品種：

皇后類： 果形小，果皮金黃色，小果突起，香氣濃厚，汁多味甜，如金皇后(Golden queen)；

卡因類： 果形較大，果皮橙黃色，小果不突起，味酸甜適度，如沙拉瓦(Saramark)和無刺卡因(Smooth gayenne)；

西班牙類： 果小而扁平，小果苞片基部突起，果汁味較酸，如紅西班牙(Red spanish)、神灣(Yellow manritius)等。

選購貼士

外表橢圓，大小均勻、芽眼數量少、表面橘黃色、頂端青褐，散發出果香。如發現全個菠蘿變為金黃色，且葉容易折斷並有鬆脱現象，即表示果實過熟，不宜食用。

貯存期

成熟的菠蘿不能久藏，宜立即食用。可以放入雪櫃中保存約1週，陰涼通風處可保存3~5天。

處理

小心地把菠蘿切成塊或片，然後放在鹽水中浸泡，可以去除菠蘿中的蛋白酶，防止敏感。

營養

- 菠蘿含菠蘿蛋白酶，能加速溶解纖維蛋白和蛋白凝塊、降低血液黏度，故有抗血栓的作用。
- 含檸檬酸和豐富維他命C，有助增強人體抗病能力。

唔講你唔知

菠蘿所含的生物甙和菠蘿蛋白酶，可能引起過敏，如腹瀉、腹痛、全身發癢、皮膚潮紅，甚至呼吸困難或休克。故於進食前宜用鹽水或蘇打水浸泡20分鐘，以減低發生過敏反應的機會。除了去皮生食之外，其與肉一起烹煮，可以使肉類變得軟嫩。

大樹菠蘿

Jackfruit

水果類

學名 *Artocarpus heterophyllus*

粵音 Tai Shu Bo Lo

別名 菠蘿蜜、苞蘿、木菠蘿、樹菠蘿、蜜冬瓜、牛肚子果

當造月份 ● 9~10月(2~3月開花)。

分佈：原產於印度，梵文稱為「Panasa」，從唐朝時傳入中國。

料理達人傳功

大樹菠蘿含有濃厚黏液，由於外皮刺手，建議剖開時用點力度和戴上手套，並先在刀身上搽抹油份，不要讓黏液沾手，否則難於清洗。將果肉放在淡鹽水中浸泡數分鐘，可避免過敏反應和味道更醇美。

外形：
桑科常綠喬木
葉互生呈長橢圓形或倒卵形，革質，有光澤，全緣或偶有淺裂
小花朵叢生，其花生長在樹幹或粗枝上，稱為“莖花植物”，一邊開花，一邊結果
果實呈橢圓形，其外皮呈棕青綠
皮殼硬厚帶六角形瘤
每個包含約10~100個的果肉
果肉呈金黃色，
果肉的質感柔軟嫩滑
每夥果肉含有一顆大核

味道：香氣甜蜜撲鼻，果肉爽脆兼甜度超高，回味時略帶微酸

選購貼士

果體渾圓多肉，用手輕按要感覺有彈性，並能嗅到香味即熟透。一般市面會先把果肉拆出包裹，只按自己喜愛肉質便可。

貯存期

置冰箱中可貯1~2天，過時會出現滑潺潺的感覺。

處理

用手套剝出果肉，不要直接觸摸。

營養

大樹菠蘿含豐富果糖、脂肪蛋白質和多種維生素，其果核(即種籽)甚多卻含大量澱粉質，人們會它炒香食用。

唔講你唔知

大樹菠蘿的外皮呈青色，當皮上果紋變寬變黃，其銳刺變圓鈍，果實即告成熟。它有別榴槤的濃烈嗆鼻氣味，反而因其成熟而散發芳香濃郁的果甜蜜味，飄香千里，令人陶醉。它與榴槤一樣，分有 果肉爽脆的“乾包”和佈滿糖膠的“濕包”，非常甜膩，宜作果醬。

橙

水果類

Orange, Sweet Orange

學名 *Citrus sinensis* (L.) Osbeck.

粵音 Chang

別名 甜橙、臍橙、橘子、柳橙、柳丁

外形

果實呈圓形，上下稍扁平，果皮與果肉不易分離，囊瓣組織緊密，一般有 10 瓣，味道甜中帶酸。果實可生食，多作餐後水果或搾汁飲用，亦可製成蜜餞、果醬、果酒，以及加工製成罐頭食品

花形：屬芸香科。白花小花，花瓣窄長、反卷

味道：酸甜可口、甘香美味

當造月份

1 2 3 4 5 6 7 8 9 10 11 12

● 香港全年均有供應。

分佈：原產於中國南方和亞洲的中南半島。十五世紀由中國傳入葡萄牙。十六世紀傳入美國，在美洲大量種植，並培育出不少新品種。現除中國南方外，美國、西班牙、日本、越南等均有大量種植。

選購貼士

以果皮表面光滑呈鮮橙黃色，皮薄柔軟，富有香氣為佳品。

貯存期

此類水果較耐儲存，可放在陰涼通風處保存半個月，但不要堆放在一起存放。

處理

去皮即可食用。

營養

- 橙內側的薄皮含橙皮甙(Hesperidin)，可保持血管的彈性和通透性，保護心血管健康。而從花中提煉出的橙花醇(Nerol)可供藥用。
- 橙是維他命C的豐富來源，具增強人體免疫能力、美白功能、增加毛細血管彈性、降低血中膽固醇。

料理達人傳功

飲酒過量時，可多食橙來解酒。

品種 / 類型

普通甜橙、臍橙、血橙

唔講你唔知

飯前或空腹時不宜食用，否則橙子所含的有機酸會刺激胃黏膜，對胃不利。

熱情果

料理達人傳功

熱情果的種籽和假種皮可直接嚼食，酸甜可口。果汁中含有碳水化合物，蛋白質，微量脂肪，維他命A, 維他命B和多量維他命C。

Passion fruit, Purple granadilla

水果類

學名 *Passiflora edulis* Sims

粵音 Yit Ching Kuo

別名 百香果、受難果、巴西果、百香果、藤桃、計時草、盾葉鬼臼、轉枝蓮、雞蛋果、洋石榴

●當造月份 秋季。

8 9 10

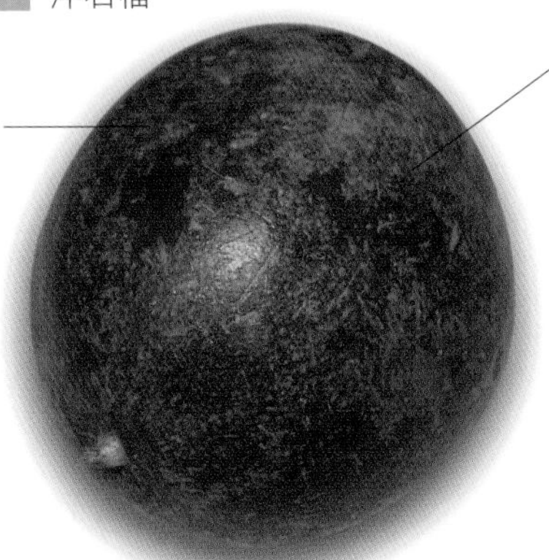

外形
圓形、橢圓形

色澤
果實外皮紫紅色，中間黃色像雞蛋

花形：屬西番蓮科。花大、淡紅色、有5瓣

果葉：大葉、三複葉，邊緣有細鋸齒

味道：酸甜可口

分佈：原產於南美洲巴西，分佈於北美。十七世紀傳入歐洲，現亞洲亦有少量生產，其中包括廣東和台灣有栽培。

選購貼士

以果皮未變黑、枝少、果實多且飽滿、果肉厚、果核小者為佳。在剝開時果肉應乾淨俐落，並無薄膜包着，果肉透徹且無汁液外溢者為上品。如果剝開時有水分流出即表示不新鮮或有變質的跡象。

貯存期

大約可保存3~5天。

處理

將果實剖開，然後用勺子挖瓤吃。

營養

- 熱情果含有豐富的天然活性成分類黃酮(Flavonoids)，是減除煩躁和緩減壓力的基本元素，其卓越的舒壓功效有助入睡。它有純天然的鎮靜作用，順應身體自然機制理療，完全沒有普通安眠藥或鎮靜藥的副作用。
- 熱情果內含多達165種化合物，17種氨基酸和抗癌的有效成分，能防治細胞老化、癌變，有抗衰老，養容顏的功效。

註：成熟時有黃色或紫色。

沙梨

水果類

Ussurian Pear

學名 *Pyrus pyrifolia*
粵音 Sa Li
別名 秋子梨、黃金梨、山梨、豐水梨、麻安梨

外形：
薔薇科
葉子為卵形或長橢圓形，前端長又尖，
葉緣有如刺芒狀的鋸齒
白色花，傘形總狀6~9個的花序，光滑無毛
果實呈圓錐形或扁圓形
色澤呈褐色、黃色或綠色
萼片常脱落

味道：清甜帶味酸，果肉爽脆

料理達人傳功

肉質爽脆細膩，果汁豐厚，甜中帶微酸酸，蘊含歐李、山渣和山櫻桃等混合野生果味，味道清香可生吃，也有人用作煲湯、糖水的用料。

當造月份

7~8月（4月是花期）。

7
8

分佈：中國。

品種 / 類型

酸的青磚沙梨 (Pyrus pyrifolia)，皮色雖呈深棕色卻帶有青綠皮色，底部平滑，果皮較厚。

酸的青磚沙梨

選購貼士

果體飽滿，墮手表示多汁，底部有凹凸不平的位，皮色金黃。

貯存期

置冰箱可放7~10天。

處理

果皮較厚，洗淨削皮而吃。

營養

果肉含碳水化合物，少量蛋白質和脂肪，此外它含有纖維素、維他命A、B_1、B_2、C和尼克酸，鉀、鈉、鎂等礦物質。

唔講你唔知

中國的沙梨甜而爽脆；馬來西亞的沙梨是酸。兒時不喜歡吃沙梨，因為它的質感硬實不易咬，故有順口流説："青磚沙梨咬不入"，味道酸，故當時的農人會把用白糖甜醋泡漬為涼果，當然也有人愛吃它的酸和硬的特質。今年吃到的沙梨質感爽脆又清甜多汁，與韓國和日本推廣的黃金梨可相較勁。只是沒有它們那麼清脆爆汁。

龍眼

料理達人傳功

剝皮可吃，晒乾後便是圓肉，可入饌、煮湯。

水果類

Longan

學名	*Dimocarpus longgana* Lour.
粵音	Lung Ngan
別名	桂圓、益智、羊眼、虎眼

當造月份 ● 夏天。

1 2 3 4 5 6 7 8 9 10 11 12

分佈：原產於中國廣東、廣西、雲南，以及南越北部。十五世紀傳入四川、福建和台灣。十九世紀後才引入美洲和非洲熱帶。現分佈於中國東南部各省，以及泰國、越南和菲律賓等亞洲熱帶地區。

外形：圓形、皮粗糙

色澤：果實累累而墜，外形圓渾，果皮呈青褐色，革質而脆。果肉晶瑩剔透、偏漿白色，且隱約可見內裏紅黑色的果核。宜生食外，亦可製成龍眼乾，或可罐藏

果葉：狹長、橢圓形

花形：白色5瓣小花、針形

味道：清甜

選購貼士

選外表圓潤、摸上去有點濕、手感較硬。

貯存期

龍眼肉質易變，不宜保存，建議現買現食。龍眼的果蒂部位沾水後容易變壞，故儲存前不應清洗。

處理

眼因為有補心益脾，養血安神的作用。龍眼曬乾後成為龍眼乾或稱元肉，為常用中藥的一種，用作安眠。

營養

- 從龍眼殼中提取的龍眼殼多糖(Polysaccharide)成分，它是一種重要的信息分子的受體，參與分子識別，細胞黏附以及集體防禦等過程的調節。龍眼殼多糖還可以參與免疫調節，抗腫瘤，抗病毒和降血糖的運作。
- 除糖份和蛋白質外，龍眼的維他命C及鉀質含量也頗高，分別能增強人體免疫力和保持水份平衡。

黃皮

水果類

Chinese Wampi, Wampee

學名 *Clausena lansium*
粵音 Wong Pei
別名 黃皮子、黃段、黃皮果、毛黃皮

料理達人傳功

當果皮呈青綠或淡黃，表示未熟，味道很酸。成熟時它的果皮會淡黃至暗黃色，表面密披細毛或略披毛，具油點，果肉是乳白色偏透明，果汁豐盈，一般會生吃以生津潤喉。

當造月份
6月（3月～5月是花期）。

果葉：
子葉深綠色；胚根直生，圓柱形

外形：
形狀多樣，闊卵形、橢圓形或圓形

色澤：
外皮淡黃褐色或成熟時會呈淡黃至暗黃色

味道：清甜微酸，連果皮享用，甜酸中回甘

選購貼士

果體飽滿，橢圓形如雞心，下端尖，果皮色澤油潤偏金黃，有果香味道和橘子的苦澀味。色澤過深者表示果體過熟，會產生霉爛氣味。

貯存期

置於室溫下可存2~3天，果體變軟兼水份喪失，香味大減。一般情況也不會放冰箱貯存。

處理

浸清水5~10分鐘，可整夥生吃。

營養

甜黃皮含碳水化合物，少量食用纖維素、維他命B_1、維他命B_2和大量維生素C，以鉀、鈉、鎂等礦物質，尤以鉀含量較多。

唔講你唔知

香港新界大種植黃皮，以黃皮白肉為主，一串串的果體掛在樹上，色澤金黃油潤，主要是雞心黃皮為主，也有圓形黃皮，但比較酸。黃皮全身皆補，無論樹皮、葉、果和核(種籽)皆可入藥，各有療效。

木瓜

水果類

Papaya

學名 *Carica papaya* L.
粵音 Muk Gwa
別名 番木瓜、乳瓜、萬壽果

外形：
屬番木瓜科。果實分長圓形、卵形或洋梨形，果實約重1~2.5千克。食用的品種多為南方的番木瓜。除生食外，還可加工製成果醬、果脯及果乾。

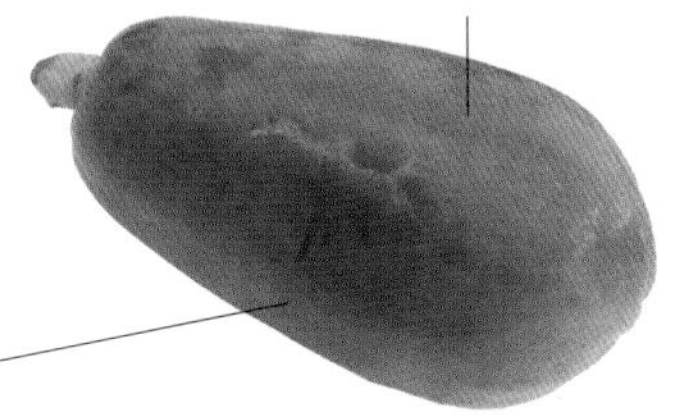

色澤：
成熟時果皮由綠色變為黃色，外皮帶有皺紋。肉厚且肉質軟滑，呈橙黃色或紅色。種籽未成熟時為白色，成熟時變為黑色

花形：披針形、淡黃色、圓錐狀

果葉：大葉、圓形、羽狀分裂　　味道：清甜、軟滑多汁

分佈：原產印度、中南美洲、中國、香港、馬來西亞。

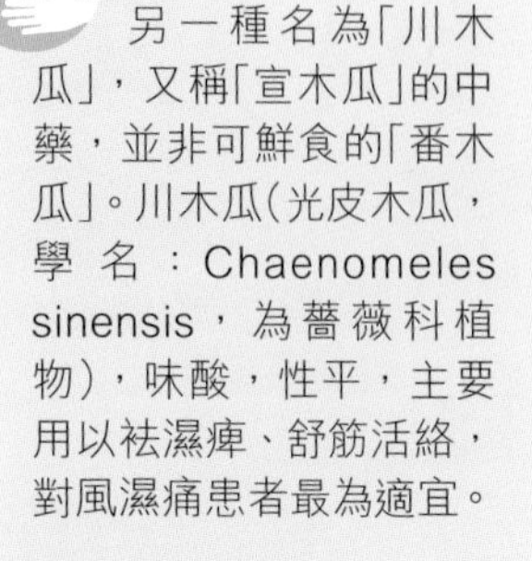

另一種名為「川木瓜」，又稱「宣木瓜」的中藥，並非可鮮食的「番木瓜」。川木瓜(光皮木瓜，學名：Chaenomeles sinensis，為薔薇科植物)，味酸，性平，主要用以袪濕痺、舒筋活絡，對風濕痛患者最為適宜。

唔講你唔知

木瓜中的番木瓜鹼對人體有小毒，因此每次食用不能過多，過敏體質者慎食。另外，忌與鐵或鉛的器皿接觸。
鬆肉粉的成含份木瓜酵素，主要在木瓜中提取出來，可以分解部份肉類的蛋白質成分。

選購貼士

以果形完整、飽滿，表面呈鮮黃色或橙黃色、無斑點、無壓傷，果蒂無腐壞為佳。一般以大半熟的程度最宜生食，購買時用手觸摸，果實堅而有彈性，肉質則軟滑可口。過熟的果實肉質甜美，肉色接近橙黃色，但較脸爛，果核較多。而帶青綠色的木瓜，且有枯液分泌，味帶苦澀，不能生食，只宜煲湯或炒食。

貯存期

常溫下能儲存2~3天，建議購買後儘快食用。

處理

食用木瓜前，先要去皮，然後剖開、去籽、切片，便可以生吃或入饌了。

營養

木瓜含有抗溶血性鏈球菌的成分齊墩果酸(Oleanolic acid)、坡模醇酸(Pomolic acid)與熊果酸(Ursolic acid)，可消除咽喉部的炎症，對蛋清性關節炎有消腫作用。熊果酸和齊墩果酸還能減少肝實質細胞的壞死，減輕肝細胞脂變，促進肝細胞再生，防止肝硬化、脂肪變性和退化，並在臨床上用於肝炎的治療。

桑椹

水果類

Mulberry

學名	*Morus alba* L.
粵音	Song Jam
別名	桑果，桑棗，桑實

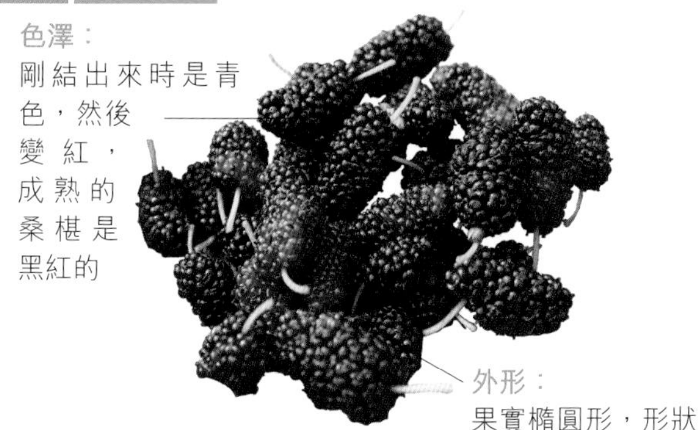

花形：簇生小花，綠色，花柱短，雌雄同株或異株，雌雄同穗或異穗

果葉：闊葉、心形、有鋸齒

味道：酸甜開胃

料理達人傳功

把桑椹洗淨，加上白糖和粳米一起煮粥，有滋陰補血的功效，很合適產後或月經不調的女性。

唔講你唔知

近年來有小兒進食桑椹過量引起出血性腸炎的報導，也有食用桑椹後導致過敏反應的報導，因此，若食用過程中出現腹瀉及面紅紅赤熱，耳內、鼻腔內、上眼瞼內、咽喉部出現腫脹瘙癢等過敏反應時，應及時就醫。

桑樹不單只是結子，果體作生吃、果汁或果醬，其葉可作蠶虫的糧食，然後取蠶絲做布。

分佈：桑樹原產於中國，除摘取葉片以飼蠶外，果實（桑椹）也可以食用，故桑亦為最古老果樹之一。古代桑樹是葉果兼用，現在以食果為主。栽培祇少數集中於河北、山東、江蘇等地。

選購貼士

要選黑紅色的，如果是紅色和青色的話，表示沒有成熟。此外，水份要適中，太潮濕表示可以已糜爛了，太乾則表示不新鮮。

貯存期

桑椹不容易儲存，最好即摘即吃，最多放一般1~2天就好了。

處理

用清水慢慢地清洗，即可進食。

營養

- 成熟桑椹含有碳水化合物（主要為葡萄糖和蔗糖），少量胡蘿蔔素、維他命B_1、維他命B_2、維他命C。此外還含有琥珀酸、酒石酸。
- 未成熟桑椹還含有氰酸及矢車菊素（Cyanidin）。

楊桃

水果類

Starfruit, Star Fruit

學名 *Averrhoa carambola* L.

粵音 Yeung To

別名 洋桃、羊桃、星星果、五斂子、五棱子、三稔

當造月份 1 2 3 4 5 6 7 8 9 10 11 12

● 香港全年均有供應，最合適為7至翌年4月。

分佈：原產於亞洲東南部。分佈於越南、印度、馬來西亞等地區。中國在漢朝已有栽培，分佈於廣東、廣西、福建、海南、台灣、雲南等地區。

色澤：
以果色帶金黃，稜邊青綠，富光澤且透明者為佳。如稜邊變黑，果皮色澤橙黃，即表示已熟透。要是果皮色澤太青，即表示未成熟，帶酸澀口感

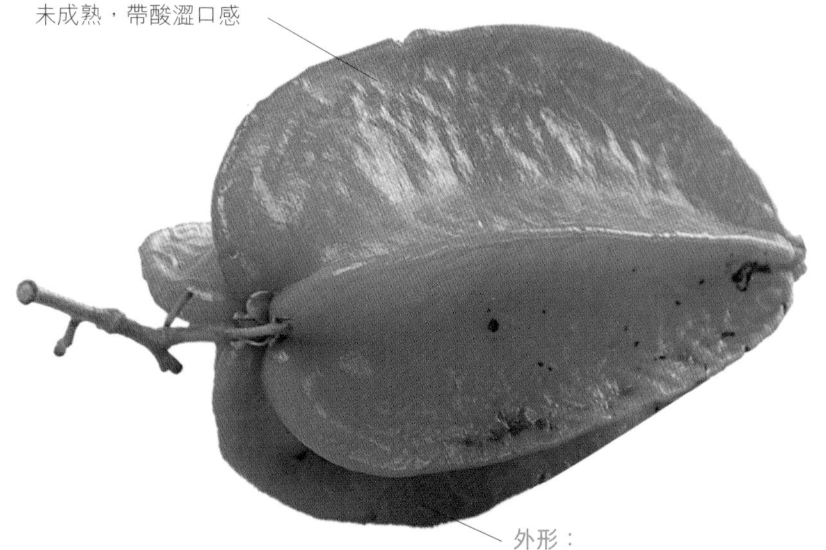

外形：
果實為橢圓、五棱形，橫切呈五角星形。未熟時呈青色，成熟後變蠟黃色。肉質細密，果心細小，汁液豐富。楊桃味甜多汁，宜於生食，或加工製成果醬、乾果或蜜餞

花形：簇生小花，粉紅色

果葉：橢圓形、單葉、葉脈突起

味道：甜味種的果實較大，是以鮮食為主，如秤錘種、馬來西亞種及紅龍種；酸味種的果實則較細小，不宜生吃

料理達人傳功

楊桃含有一些物質會使口服藥物在腸道大部份沒有被代謝而進入血液循環系統，加強了藥效。藥物如抗高血脂藥他汀(Statin)並不適合與楊桃同食。因此與西柚的情況相似，其他不建議與西柚同吃的藥物都不應與楊桃同食，另，楊桃性寒，多吃可引起腹瀉，故一般不宜進食太多。而楊桃的葉、花和根均可作藥用，對消化和呼吸系統疾病具有療效。

品種 / 類型

五瓣果肉才是正宗楊桃，富甜味，本地品種的果體不高。六瓣果肉是山稔，酸味很高，常與楊桃被混作一談。

楊桃和山稔的分別

選購貼士

果實要整齊的五角形為上品，避免揀選有瘀痕、虫咬或邊緣變腐的果體。

貯存期

宜冷藏儲存。約3~5天。

處理

洗淨，可以整個吃，也可以切片吃，不過中間的蒂可能不吃。

營養

大量纖維質、草酸（Oxalic acid）、檸檬酸（Citric Acid）、蘋果酸(Malic Acid)等，能提高胃液的酸度，促進食物的消化。

唔講你唔知

為酢漿草科植物陽桃的果實。楊桃蘊含豐富碳水化合物，有助迅速補充體力。除此之外，其纖維素含量亦不少，進入腸道和吸收水份後能加快清除腸道的廢物，有助預防便秘和腸道癌症。此外，楊桃亦是多種維他命和礦物質的來源，當中包括維他命 B 雜、維他命 C 和鉀質等。

蜜瓜（厚皮甜瓜）

Honey Melon , Cantaloupe

水果類

學名	*Cucumis melo*
粵音	Mat Gwa
別名	網紋甜瓜、冬甜瓜

當造月份

6月~7月。

分佈：非洲，經古埃及傳入近中東、中亞細亞和印度、中國。

外形：
葫蘆科，單葉互生，葉片圓大而呈淺綠色，邊緣具鋸齒
瓠果呈長橢圓形
瓜皮上佈滿綿密裂紋、網紋或棱溝
瓜柄有T字桿

色澤：
果肉呈金黃色、碧玉色或黃綠色

花形：
花腋生，單性、花冠黃色綠色

味道：鮮甜多汁、果香芳醇

料理達人傳功

蜜瓜可去掉外皮，用作沙律或熬湯，一般會搭配響螺和瘦肉，也有人會把它切粗條炒。生吃最能感受其蜜香味道，不妨把蜜瓜配風乾火腿，鹹鹹甜甜，無論口感和味道也很特別，更是著名的大意利頭盤。

選購貼士

成熟的蜜瓜香氣誘人，墮手，瓜蒂硬而枯黃，裂紋密集，底部有微黃，或是輕輕按壓，有點脸軟。手輕拍瓜，聲音清脆。

貯存期

可置室溫約5~7天；置冰箱約7~10天。

處理

用清水沖洗，去皮去核。

營養

含有碳水化合物、球蛋白、維他命C、礦物質鈣、磷和鐵。

品種 / 類型

有新彊哈密瓜、甘肅蘭州蜜瓜；薄皮甜瓜(Musk Melon)

黃皮蜜瓜

唔講你唔知

現時本地有機農場都能種植出又大又甜的蜜瓜，甚至在冬天採用溫室種植而令反季節下仍能培殖蜜瓜。蜜瓜網紋的形成乃由於瓜皮比脹果期的果肉生長得慢，於是形成裂紋，事實上裂紋愈多愈表示其生長很好。

番石榴

Guava

水果類

學名 *Psidium guajava*

粵音 Fan Shek Lau

別名 芭樂、拔番石榴子、拔仔、雞屎果

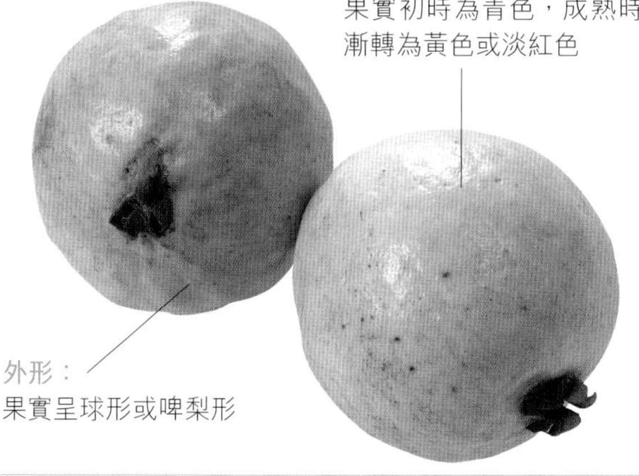

色澤：
果實初時為青色，成熟時漸轉為黃色或淡紅色

外形：
果實呈球形或啤梨形

味道：味清甜帶酸，果肉厚而脆爽，內裏軟滑多汁，並藏有許多黃色種籽

選購貼士

不要選購表皮有凹陷黑點或太熟有瘀傷的果。宜選堅挺帶點腍軟的果體，表面光滑，沒有蟲咬鳥啄的痕跡。

貯存期

置室溫下可存1~3天。

處理

清洗表皮，便可食用。

營養

它含蛋白質、維他命A、維他命C、鉀、鐵、磷、鈣和鎂等礦物質，也含有蛋白質和脂質。

料理達人傳功

成熟番石榴為淺綠色，果皮脆薄，一般會生吃。未成熟的番石榴，表皮呈深綠，硬實堅挺，味道帶苦澀，故台灣人愛配話梅粉去掉苦澀，也有人把它視作湯料配肉同煲。

品種 / 類型

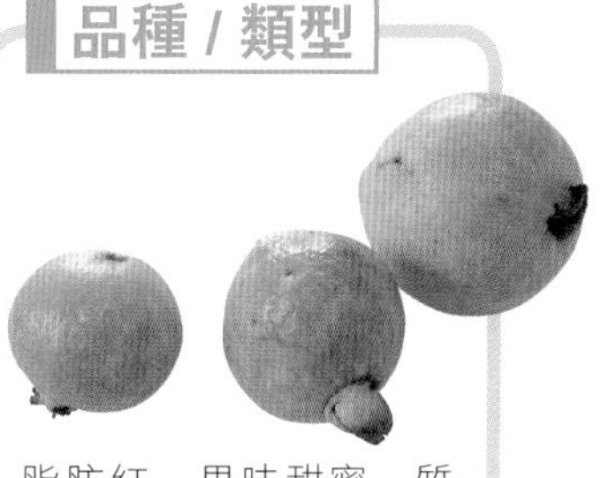

脂肪紅，果味甜蜜，質感柔軟腍滑。

唔講你唔知

番石榴的外皮非常薄，果實容被雌性果蠅於果皮下產卵，當果實成熟變軟，蠅卵變成幼蟲，所以看到表面光滑的果體，咬下一口會發現內裏有蟲蠕動的狀況。現代農夫會在結果後套上紙袋，防止雌蠅產卵。

當造月份 7月~8月（4月~5月開花，8~9月開少量花）。

分佈：原產南美墨西哥，由西班牙和葡萄牙人傳入中國。

養雞與綠生活

本地雞不輸國內雞，健康衛生又好味，只是從以前的幾百家養雞場，到了現在剩下不過三、五十家的養雞場，但各雞農仍是全情投入不欺場，一方面保存傳統式飼養雞隻，另一方又與時並進結合現代化管理，確保雞隻健康成長，唯一不變是仍培養優質雞種，改進雞質和食味。切合環保意識，雞農有時會利用食品廠或清潔廚餘作部份飼料，減少胡亂打針催肥雞隻，甚至把雞屎貯存，給與別公司作生產紅蟲，或是積聚沼氣轉為能源，確切執行節約資源，減少污染，廢物重生的環保理念。

雞的生長週期

1 雞蛋送到孵場。

2 測試雞蛋是否已受精。

3 放入孵蛋機進行孵育。

4 雞仔破蛋而出。

5 分別雌雄的雞苗。

6 放置雞屋飼養。

7 成長後的青年雞，已見成年雞的雛型。

8 成熟雞。

9 雌雞分為蛋雞和肉雞。

一隻肉雞的誕生

香港土地面積少，雞農必須精打細算，善用屋舍空間，分段飼養，按生長時期劃分雞舍，容易處理和控制，確保給予足够活動空間，令雞隻增强體力，對抗疾病，可避免雞隻受感染而死亡。肉雞的飼養可分為四個階段：育雛、雛雞、中雞和成熟雞。

破蛋而出的雛雞苗——小雞出世

確認孵蛋

孵雞場主何先用紅外線探測器檢驗雞蛋是否已受精

未受精雞蛋清晰沒暗影

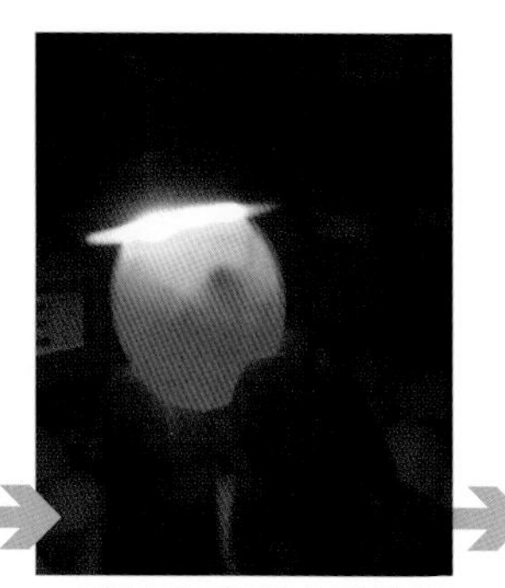

已受精的雞蛋出現雞胚的陰影

放進塑膠雞蛋格內

全盤放進孵蛋器內，溫度約37℃ ~38℃進行孵化

破殼而出

到了18天，雞胚胎內的雛雞苗開始啄開雞殼

雛雞苗在蛋殼中活動，以雞腳撐開蛋殼，裂紋漸大

小雞開始出來

小雞完全離殼出世了

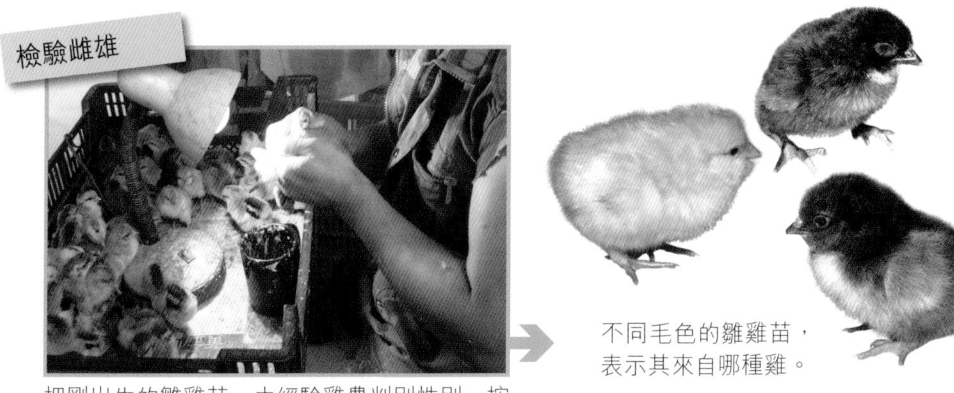

把剛出生的雛雞苗，由經驗雞農判別性別，按用途飼養。

不同毛色的雛雞苗，表示其來自哪種雞。

育雛期

傳統飼養法，雛雞苗大多是平地飼養在育雛舍，地上鋪有墊草或木糠，可保持雞舍乾爽和衛生，再利用石油氣育雛器保溫或是放在立體籠中的保暖膽育雞，確保雛雞苗够溫暖，因為牠們天生是很怕冷的。由于成本效益，雞農也會把雛雞苗養在雞籠中畜養。

1 雛雞苗愛擠在一起取暖
2 雛雞苗養在雞籠裏
3 雛雞苗利用育雛器保溫
4 到了28天的幼雞轉放在鐵網飼養
5 成熟雞待籠中等待出售

幼雞期

雞苗生長至28天時，轉移入有鐵網或墊草地面的生長雞舍，作平飼式或立體籠式飼養。

中雞或成熟雞期

當雞隻養至60~65天時，又要轉移雞隻到A字架梯級籠中飼養至成熟出售。

飼料成份與不同育雞階段的營養所需參照

 小雞	 中雞	 大雞
21天以下	21~60天	60~120天
4兩（150克）	12兩~1斤（450~600克）	2~3斤（1200~1800克）
不適合吃粒料，以雞花料為主，因成長需要多點蛋白質，飼料需要含23%蛋白成份。	可吃粒料和粉料，飼料的蛋白成份約20%，混合糠料，可吸去雞肉內的脂肪。	可吃粒料，飼料含18%蛋白成份、粟米粒、黃豆粉。

養雞達人的**經驗分享**

- 50~60天的年青雞，重約12兩(450克），稱為春雞，肉質細嫩。
- 90天的雞已告成熟，但待至110~120天出售最佳，因為曾接受注射的疫苗已完全散去，安心食用。
- 昔日在市場內，沒有實行即日宰殺的措施，雞檔主人會收集茶水檔的麵包皮，混合粟米粒和飯粒飼養檔內的雞隻，由于活雞在檔中飼養數天，神經得到鬆弛，不再驚慌，雞肉會腍滑。
- 農村生活以簡樸、善用資源為前題，所以雞糞會成為菜田的天然肥料，未受精雞蛋會給豬作食物。

圖解雞胚胎的成長期

7天大的雞胚胎

雞形已呈現，只是頭和眼要比雞身大兩倍，仍未長出羽毛。

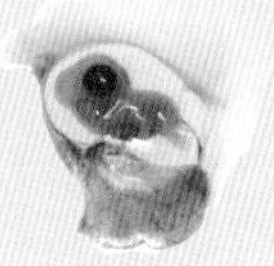

10天大的雞胚胎

頭身比例均等，仍未長出羽毛。

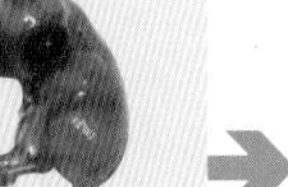

13天大的雞胚胎

雞身比頭大，羽毛已長出，雛雞苗已見成形。

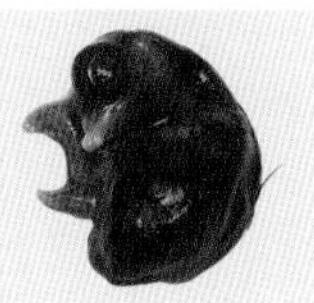

16天大的雞胚胎

已見長大了很多，完全是一隻雛雞苗了。

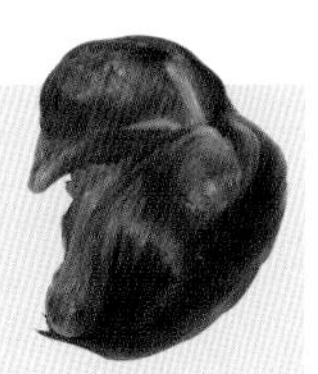

養雞達人的**經驗分享**

- 傳說雞仔蛋對身體虛弱的女士有裨益，因為雞胚胎裏的胎液含有豐富營養，所以啜食這些液體就是天然營養素。
- 受精的雞蛋隨著日子增加，蛋殼會變暗啞，其白膜也變乾變脆了，但雞胚胎布滿微絲血管，不少心弄破白膜，血水會流出。
- 接近出世的雛雞苗，完全充塞蛋中，蛋殼粘著微絲血管，但隨雞胚胎成長，蛋黃的營養受到雛雞苗的吸收，變小收縮，甚至因雞體成長變乾。
- 不同雞胚胎成長階段，蛋殼中的蛋黃(提供營養給胚胎的細胞)會不斷變化，由流質的蛋黃變成結實的蛋黃，表示雛雞苗吸收了其營養素而得以成長。
- 雛雞苗出世後挑選健康者轉到育雞場，瘦弱者會棄掉或作肥料。

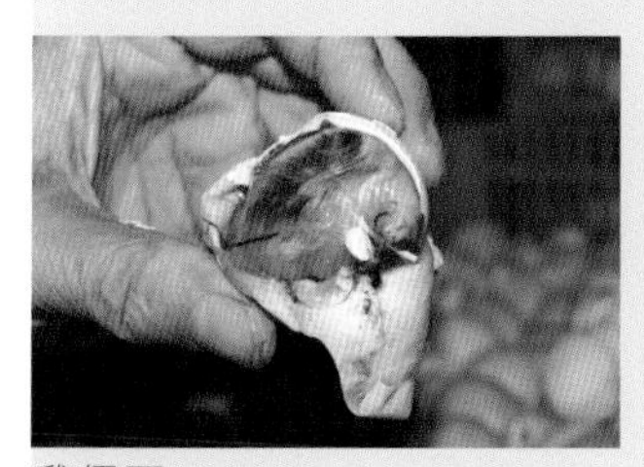

雞仔蛋

受精的雞蛋，蛋膜變厚

接近出世的雛雞苗

細說養雞當年今日事

40~60年代

40~60年代，雞種來自南中國，農戶飼養數目由數隻至數百隻不等，屬小規模兼養形式運作，視作副業，目的是飼養供食用和取蛋，其餘因雞蛋售價頗高，利潤豐厚。當時採行自由放養，任其啄食蟲蟻、粟米或菜葉等，走動空間足，食物屬天然資源，故雞味特別濃郁，肉質結實，味道甜美，少脂肪，皮香肉滑。雞型不大，雞項只得兩斤左右。1959年以前，雛雞苗依靠中國入口孵化蛋，這些受精蛋在入口前會先以傳統技術孵化到已有17天時，方運送到港繼續進行最後的3~4天孵化雛雞苗。1960年停止輸入孵化蛋，並由香港農場自行培育，正式有本地雞苗。

60~70年代

60~70年代初期，隨著市場轉變，大量中國難民和資本家移入，落地生根，促進了農業發展，當時中國肉雞供應大減，粟米價低廉，而漁農處及嘉道理農場輔助介紹和推動現代化的飼養技術，改良雞種，肉雞供應量增而雞場漸有規模，雞隻數目為5000隻以下，但只需一人操作便可。養雞業已趨於商業化，不是純粹自用了。當時的種雞已能自給自足，但小部份雛雞苗則從台灣、泰國和中國等入口。

70~90年代

70年代後期至90年代初，在這段期間養雞業經過重大的改變及考驗，如1973年出現飼料短缺危機、1974年的經濟衰退，股市大跌，及至1983年禁用合成雌激素(肥雞丸)飼養雞隻等等，汰弱留强，一些小型農場被迫停業，只留下中、大型的農場。此消彼長，農場數目減少，但規模却變大，並進行機械化設備和較高水平管理，生產效率提高。

自然交配

公雞會騎在母雞的背後，用脚抓住，然後伸出陰莖迅速進入射精，不過因為公雞體型大，利爪容易抓傷母雞而因痛反抗，所以它們看似在打架，其實是正在交配。

- 昔日雞農為方便，雜放雞隻交配，故不知道那隻母雞已交配，導致受精雞蛋成功率不準確。
- 傳統交配，以1隻公雞配10隻母雞。但未開始交配時，公雞會先佔領個人地盤，然後再與母雞交配。
- 自然交配的母雞誕下的雞蛋，受精成功率約90%，但人工交配的雞蛋，成功受精率達98%。
- 𠜱雞即雞，從公雞的肋骨和腹腔位置開穴，這個部位近接雞的大動脈，所以必須由經驗的雞農負責，否則處理不當，雞會死亡。最佳割時期是雞已長至80~90天，如果雞還小進行割，不易取出雞子(即雞精囊)，因為雞子太小不易被找出來。
- 走地雞不能天天下蛋，約3天才能再生蛋，其蛋香味道濃鬱，蛋黃營養因下蛋次數少而變集中。

90年代

90年代末，因1997年發生第一宗禽流感令感染者死亡，事緣野鳥受到感染，繼而傳播到本地野鳥再轉移到農場，當時特區政府實施用錢收牌的政策，頓時令許多農場對前景不樂觀下，紛紛取錢關閉農場。

2000年代

2005年，特區政府不再簽發新牌，凍結農場數量，原地續牌。2008年，鑒於禽流感再次零星出現，實施雞檔定期清洗和即日宰殺，不留活雞。此時，售賣活雞的有130檔，30個雞場，每日供應量為萬多，全年總產量為4百萬。

現今

時至今日，香港的養雞業善用地理優勢，以精養和優質為品質標準，採用傳統飼養程序，現代管理，結合科學化和營養學調配餵飼，務求品質有保證。避免雞隻受感染，全程監控和抽驗，更採取一條龍式服務，由雞種、孵蛋、育雛雞苗、飼養和售賣，全程一手包辦，成功創建本地優質雞種的品牌。至於輸入雞隻就經由檢驗合格方得進場。鑑於食物衛生安全，近數年控制活雞數量，定期檢查雞場兼推出冰鮮雞以平衡市場供應量。

人工交配

- 雞苗會放在鋪有禾稈草或木糠的地上放養，長大後轉放雞屋飼養，每天清出的雞糞會置於收集池，給菜農作堆肥之用，環保又物盡其用。
- 宰殺後的雞隻可食用，雞毛用作掃，雞血凝固焓煮變作下欄材料。
- 昔日的雞檔售賣活雞，不需即日宰殺，所以會在茶檔收集麵包皮或隔夜麵包，甚至是大排檔的飯粒，混和粟米碎粒餵養雞隻，這樣做既沒有廚餘又健康。

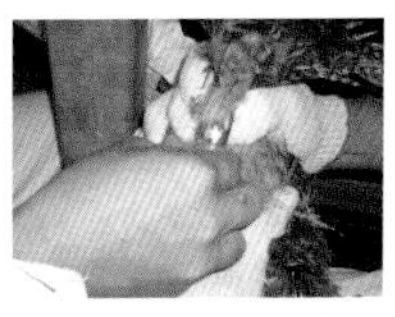
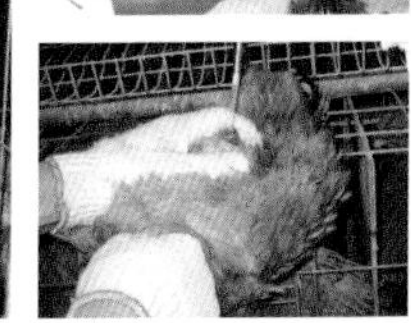

1 雄糾糾的公雞
2 雞農用針管在公雞的尾部抽取精液
3 抽取出來的精液轉到母雞處受精

優質雞的培育與飼養

香港品牌雞堅持選用優質雞種，集各家所長交配成雞苗，並維持傳統飼養方法，意即讓雞隻自然生長，按需要施以針藥，不會用激素催促成長，待飼日子足夠才推出市場售賣。至於雞舍環境清爽乾淨，溫度平均，冷熱調節恰當，用料會按生長階段調整，所以味道特別好。本地雞場規模不大，運作模式有三，可分為傳統式、半傳統半現代化和全現代化。

半傳統半現代化運作

與傳統式運作相若，某些工序或器具會轉用電動化代替人手，例如改用花灑式噴水，適時把雞舍溫度下降。當天氣轉涼，會利用鋅鐵做活門遮掩風位，保持溫暖(嘉美雞雞場採用)。

傳統式運作(嘉美雞和泰安雞雞場均有採用)

雞苗會放在寬敞空間或雞籠內飼養。

為了防止野鳥散播細菌，在雞舍旁裝上鐵絲網，保護雞舍內的雞隻。

雞苗長大，把年青雞傳入較大、樓底高而通風的雞舍。

為了控制雞舍溫度，會用電動風扇調溫，天氣熱時還會利用風扇吹入清水降溫。

防止雞隻受感染，限制雞籠的養雞數目。

以人手操作器械餵食飼料。

出售雞隻後徹底清洗，才再移雞隻飼養。

電動化運作

雞舍運作用電力全自動化操作（泰安雞雞場採用與中電合作的香港首個環保節能農場）

利用水冷冷水機組熱回收技術，提供孵房和肉雞飲用水（冷水流程）和雞舍衡溫（熱水流程）。

以冷水流程輸水於孵雞場內的雞苗和肉雞雞舍。

電力代行溫，保持雞舍的溫度、濕度。

在飼料方內把飼料倒進機器。

經由管道以電力送到各雞舍，減省人手及降低雞隻受感染。

放進雞籠外的餵飼道。

在雞籠外設管道以電力運送雞糞於集糞池。

貯量足夠以電力管道抽出，置於膠桶代合作伙伴收回處理，變成肥田料供農夫使用。

唔講你唔知

香港雞舍的設計：

香港位于中國東南部海岸，冬天氣候清涼乾燥；夏天則炎熱潮濕，偶有颱風吹襲，所以雞舍要特別設計，特色是結構簡單但十分堅固，開放式，墻的四面都裝上窗，開窗時空氣流通，關閉時則可保暖，並在屋頂處架上坑鐵面和木板作隔熱功能，而通風設計則采用傳統式，新鮮空氣從窗進入，而熱空氣則從屋頂流走，在夏天時會加設大型風扇吹走舍內的熱氣。為避免雞隻被傳染，有些雞農會以密封又配有備有良好的通風系統的屋舍飼養，確保室內空氣流通，避免污濁空氣在室內積聚，影響到雞隻健康，從而減低疾病感染，因而不需用抗生素去禦防疾病。

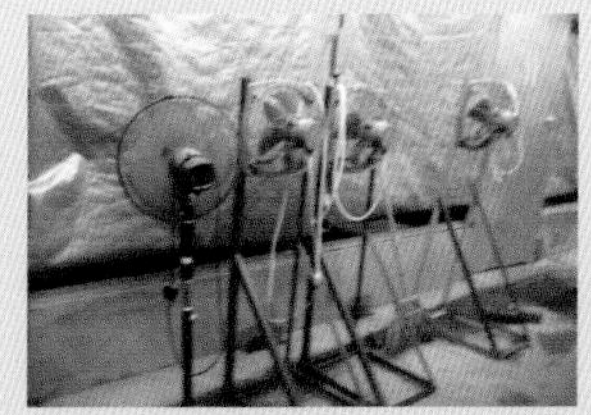

利用電動風扇吹走熱氣兼吹入新鮮空氣

雞舍的屋頂可作通風或遮擋風

註：1. 嘉美雞、康保雞和皇健雞屬活健禽畜發展有限公司
2. 泰安雞屬現代農業（香港）有限公司

百分百香港製造的雞種

嘉美雞、康保雞、皇健雞、泰安雞

嘉美雞(Ka Mei Kei)

嘉美雞由1996年獲得港英政府的工業科技基金和蔬菜統營處農業發展基金撥款研發，在1999年成功建立南中國土雞的基因庫，挑選適合雞種交配繁殖質素佳、肉質美和低脂的雞種，2002年研發成功。牠是由8個雞種雜交出來的第四代雞種。其雄性荷爾蒙和雌激素含量較低，無論雌雄雞均含有高蛋白質和骨膠原，但皮下脂肪層則纖薄。牠是百份百香港製造。其外型為單冠、黃羽毛、黃腳，成熟雞約為1.8 斤~2.6斤(1050克~1600克)，至于皮質則屬白皮而皮下脂肪少，肉嫩富彈性，含骨膠原，肉味鮮甜。

烹調用途：適合蒸、炒、冷吃。

康保雞(Hon Bo Kei)

康保雞由資深的雞農何衍鏗、大學動物系陳礦安教授和香港科研家禽發展有限公司兼家禽營養碩士郭銘祥先生聯合研發，他們選用華南純種雞(黃毛雞)及南美原始雞複雜交配和培育出來的雜交雞，經嚴謹基因測試而攝取各雞種的優質基因，保留走地雞的特質和風味。康保少爺雞是未完全成長的雄性康保雞。其外型為單冠或叢冠，羽色呈黃、棕、黃黑花紋或純黑色等，腳色也有黃、灰或黑色。成熟雞約有1.4斤~2.1斤(850克~1260克)不等，至于少爺雞則有2.3斤~2.8斤重(1350克~1680克)，至于其皮下脂肪比嘉美雞更薄，間中有黑斑，但肉質幼細結實但不韌，雞味比較濃鬱。

烹調用途：因為脂肪少而適合燉、煲、炆和焗。

皇健雞(Wong Kin Kei)

皇健雞由石歧雞和華南黃雞交配而成。外型為單冠、羽毛為黃色、腳亦屬黃色，成熟雞約2斤~2.8斤（1200克~1680克）而少爺雞則有2.5斤~3.3斤（1500克~1980克），皮質呈黃色，而皮色比嘉美雞黃，因皮下含少許脂肪，肉質幼嫩具彈性，含骨膠原，肉味清香。至於少爺雞則皮香肉滑，可作蒸、炸、焗和熱食。

泰安雞(Tai On Kei)

泰安雞由清遠雞與三黃雞種交配而成。外型為單冠、烏嘴、羽毛黃色帶黑點，腳粗，並於1993年榮獲「最佳公雞」和「最佳母雞」獎。成熟雞約2斤12兩至3斤半(1650~2100克)。 皮薄且白，皮下與肉的脂肪少，含豐富骨膠原和蛋白質，烹調後色澤金黃，肉滑帶嚼勁，皮爽脆且不肥膩，味香濃郁。

烹調用途：適合清蒸、浸泡、煲、炆、炒和燉。

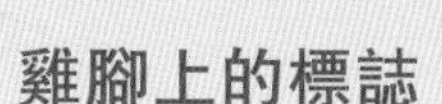

雞腳上的標誌

在街市內，某些活雞的脚上繫有顏色膠圈(俗稱介指)，圈上印有標明雞場名字，產地來源，方便發生問題時，很快地查出和相關資料，追索源頭。當然雞腳上有 膠圈資料，代表該農場可能有認証，身份已被檢定，亦是品牌的標記。

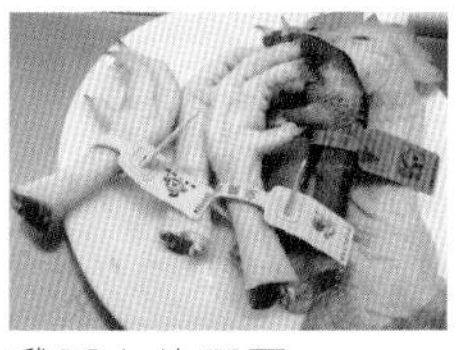

雞腳上的膠圈

泰安雞的膠圈

系出名門，雞種通識

香港人愛吃肉嫩味濃的鮮雞，但不同雞種的雞肉質感、骨的軟硬度、皮下脂肪、嚼勁和味道均直接受到雞種血統影響，坊間所見約數種，牠們也是本地雞苗參考的品種來源，現分述如下：

三黃雞

其特色是皮黃、腳黃、嘴黃；而皮下脂肪豐盈，肉質脍滑但肥美。公雞的羽毛紅棕色或土黃色，翼羽常帶黑邊而尾羽則多為黑色。母雞的毛色為土黃色，但主和副翼羽常帶黑邊或黑斑，至於其尾羽則多為黑色。其特質為單冠，耳葉紅色，虹彩橘黃色。但嘴與腳均呈黃色，偶有腳為白色，其皮膚白色居多，少數為黃色。

清遠雞

清遠雞在竹林覓食，食物自然，步走時間長，肉質結實具彈性，因其背毛有黑色麻點，故又稱芝麻雞。公雞的頭、背的羽毛呈金黃色，而胸、腹、尾及主翼的毛羽則呈黑色，至于其肩、鞍羽毛則是棗紅色。母雞頭部和頸前三分之一的羽毛呈深黃色，背羽的毛分黃、棕、褐三色，偶有黑色斑點，形成麻黃、麻棕、麻褐等三種。其特質是單冠直立，嘴和腳呈黃色，而眼睛則屬橙黃色。

洛克雞

樣子有點像三黃雞，全身毛色金黃，嘴和脚均澄黃。

惠州三黃雞

除了有三黃雞的特色，毛色比較淡，雞下顎有鬍毛，形似鬍鬚，又稱鬍鬚雞。脚幼、身短、肉質嫩滑纖細，富有皮下肌肉脂肪，頭大頸粗，胸深背寬而胸肌發達。其特質是單冠，下巴發達而有張開的鬍鬚狀羽毛，無肉垂。公雞羽毛呈金黃色，富光澤，背羽為棗紅色，分有主尾羽和無主尾羽兩種、主尾羽多為黃色，偶有內側是黑色，腹羽則比背羽略淡；母雞全身呈土黃色，主冀和尾羽帶點黑色，但尾羽不發達而腳為黃色。

石歧雞

有紅色單冠，公雞羽毛色金黃，尾羽呈黑色；母雞的羽色屬土黃色而尾羽則黑色，其皮膚、嘴和腳均是黃色。八十年代的香港石歧雞是現代品系育種根基，其特質是羽毛色比較深及花毛多，雄性比較遲長毛，身型比較大，胸闊，脚粗而短，抗病力強，肉質仍保有原種雞的風味，以肉雞為主。

杏花雞

杏花雞原產於中國廣東省封開縣，皮薄肉細緻。其特徵是紅色單冠，公雞毛色金黃，尾羽呈黑；母雞毛色土黃而尾羽亦呈黑，但嘴和腳黃色。

血統優良平添雞的滋味

世界的雞種有數百之多，數千年來由原雞(Gallus gallus murghi)馴化培育為家雞(Gallus gallus domestica)的約有100種。因地域性、飼料、養飼方法和雜配，各地均創造出獨特的地域家雞。

在中國，仍可在中國的西南部樹林內發現原始的雞種，而經雜交演出來的雞種多不勝數，著名的有中山的沙欄雞、廣東省中部山區的清遠雞、陽山雞、海南文昌雞、廣東西部的杏花雞、東部的惠州雞。近年更不斷引進外國快大的品種與土雞交配，令土雞的外形越來越有外國雞種的形態，而按飼養功能分為供蛋、供肉或蛋肉兩用的家雞。

一般情況下，雞農會以其基本的特徵如體型大小、毛色、冠形、膚色、腳趾數目、羽毛數量、耳垂、蛋色和來源地等區分雞種。不同的雞種有不同的品質、飼養方法和生長日數。

註：香港的雞種主要以石歧雞、清遠雞、三黃雞和龍崗雞為主，尤以石歧雞的肉嫩滑、雞味足、皮下有一層脂肪，深受消費者歡迎。

市場常見的肉雞與處理

街市裏的活雞

老雞

一般是老去了的蛋雞，其眼下垂，瘦削，肉粗皮韌，皮下脂肪少，不肥不膩，這與經常生蛋有直接關係。老雞的羽毛失去光澤兼不完滿，脱毛情況頗嚴重。

烹調方法：清燉、煲湯最適合

芝麻雞

本地活雞農場很少推出這類雞；這是肉身足夠，但飼養日子還未完全足夠的年輕雞，個子小，每隻約1.5斤(900克)，雞肉不豐厚，肉嫩滑幼細，皮光滑而骨柔軟，含皮下脂肪但浮稀。雞味清淡。

烹調方法：古法蒸、爆炒、煮、燴、炸、焗

走地雞

它屬于放養式或活動空間比較足够的飼養雞，因為有足够運動量，雞肉結實，嚼勁十足，肉味濃鬱，雞的形態優美帶流綫形，皮下少脂肪，雞脂肪澄黃結實，雞味足。

烹調方法：燜、煮、燉、浸、蒸、薑葱焗、焗

知識小百科

傳統中醫概念，母雞肉可治風寒濕痹、病後產後體弱身虛；公雞肉有益於腎虛陽痿者服用，補虛溫中，止血治崩，補虛損，益虛羸，行乳汁。公雞肉對於病後或產後體虛有一定的溫補作用，但其性燥熱，不宜多食，多食易生熱動風。烏骨雞肉既是營養珍品，又是傳統中藥。以往雞仔蛋可以用作去頭風，現時已經沒人用。

雞粉(Chicken Powder)

主要含有水解植物蛋白，鹽，味精，色素和乳化劑，雞粉只是含有少量的雞油以突出其雞的味道。雞粉主要采用雞肉為原料，經高溫高壓處理及科學調配而成，適合肉類調香增鮮。它呈淡黃色顆粒狀，含有鮮味核苷酸(Nucleotide)作為增鮮劑，具有增鮮作用，比味精的純度低，但易吸收空氣中的水份。

雞精(Essence of chicken)

是一種無油脂、易消化的清燉雞湯。主要以雞為材料煉製出的濃縮精華，而以食療概念和液態營養補健品型式出現。但屬於動物性高嘌呤(Purine)的食品，凡是高血壓、痛風、腎臟病等的慢性病患者都不宜。

白油雞

飼養日子足夠，皮下脂肪輕，油份適中，雞皮薄而爽脆，肉質腍軟中有嚼勁，嫩滑細緻，肉量適中，每隻約2斤(1200克)~ 2斤8兩(1500克)，雞味比黃油雞略淡。

黃油雞

飼養日子够，皮下脂肪重，油份足，雞皮略厚而滑溜，肉厚，肉質腍軟，嫩滑細緻，每隻約2斤8兩(1500克)~ 3斤（1800克)。雞味濃鬱。

烹調方法：炸、起肉炒球、爆炒、焗、浸、蒸、煎、燴、冷凍、手撕

老雞的特徵

尾脹有而雞毛稀疏

雞爪呈勾形，皮粗糙兼僵硬

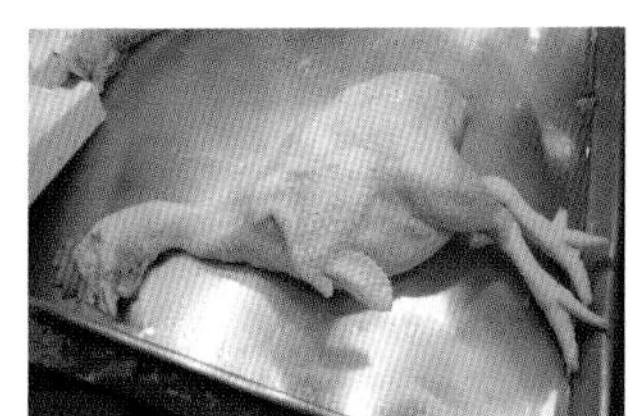

脫毛後，雞皮色酷白，沒有油脂

白油和黃油雞的特徵

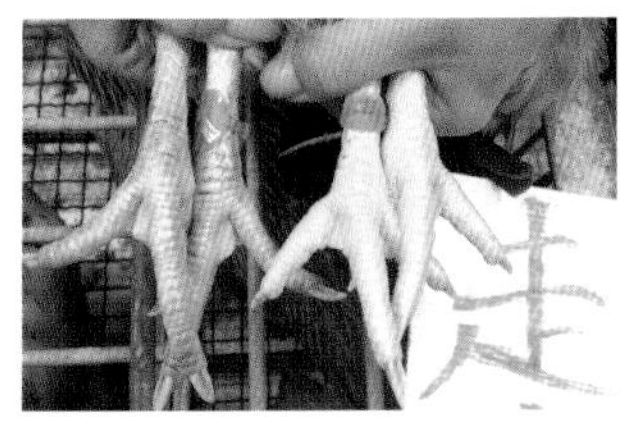

先看看雞腳，呈澄黃色的是黃油雞；呈淡黃色的是白油雞，一經比較容易看出端倪。

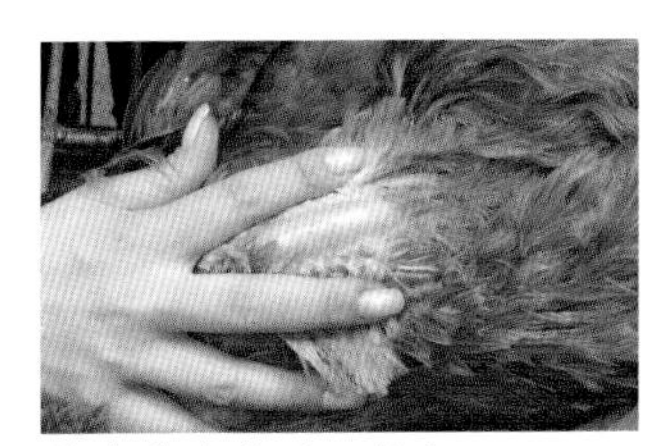

黃油雞的雞肚呈黃色

白油雞的雞肚呈白色

傳統揀活雞法

看外型

毛色油潤有光澤，羽毛豐盛。

1

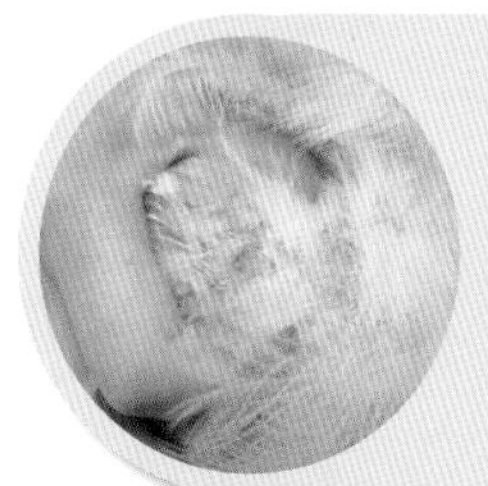

撥開雞尾

看看有沒有糞便佈滿，証明健康良好。

2

查脂肪

輕輕壓雞屁股兩旁是否肥厚，且察看雞屁股的肥油。

3

摸骨

把雞翻轉，檢查軟骨，看雞皮是黃油或白油，沒有瘀傷，胸部是否肥美肉嫩。

4

檢查雞翼

將雞翼翻開，察看有否骨折或瘀傷，要是看到皮上有紅點，那是蚊釘，問題不大。

5

煮雞達人的**經驗分享**

- 活雞買回來，又沒空處理，可先用鹽擦勻全身，置冰鮮格，第二天烹調前才清洗，可保留雞肉的水份和雞味，又可令肉質較硬的雞種，雞肉鬆弛，變得腍滑又雞味十足。
- 蒸雞用了適合的時間烹調，熄火後不揭蓋燜焗5分鐘，用牙籤在髀部試插，拔出後就有一道清澈澄黃的肉汁流出，表示熟透。如未熟便要加時繼續燜焗。
- 白切蒸雞或浸雞過程完成後，先淋冰水於雞皮和雞腔內，然後立即在全雞內外擦上鹽。再淋上1~2茶匙紹興酒，把雞竪直，令雞內的肉汁向下流出，置當風處吹約4~5小時，雞皮便變得爽脆，雞味集中，肉質滑嫩。
- 吃雞時才斬切或是手撕，可保持原汁原味。

市面上經常能購買到的雞類，分為活雞、冰鮮雞、急凍雞，這三類雞的味道各有不同，處理方法也各異。

	貯藏溫度	處理成法	備註	保存期
活雞	即時宰殺	按要求宰殺，可清楚看到活雞時的健康狀況	好處： 雞肉鮮明，肉質富彈性、鮮味強，十足新鮮，無需預處理，即叫即殺，無需解凍，不會讓雞味隨血水流瀉。 壞處： 價錢貴，不易購買，因為現存活雞檔有限。	很短，否則便失却了活雞鮮味的特色。
冰鮮雞	0℃～4℃	從中央屠房宰殺，一般會在前一天把雞隻宰殺，包裝後運送到市場	好處： 雞肉與活雞相似，雞肉鮮明，經一天貯藏，雞肉會少許鬆弛，肉質腍軟但欠嚼勁。 壞處： 包裝冰鮮雞，難於辨認雞的全貌；未包裝的冰鮮雞，品質參差，難於辨應。	很短，在冰箱中可貯3~5日
急凍雞	-18℃以下	極短時間將雞肉降溫至-18℃(急凍) 將雞肉包裝，才放入冰格冷凍(普通冷凍) 雞肉解凍，回復室溫狀態，細菌迅速生長，應立即烹煮	好處： 長時間保存雞肉，鎖緊雞肉內的水份，肉質腍滑，減低細菌生長。 壞處： 雞肉經解凍後水份特別多，部份肉味和鮮味會隨因解凍後的水份流失，肉質欠嚼口，鮮味不高。	1年

註：1. 急速冷凍（Individually Quick Frozen，簡稱「IQF」）。

2. 冰鮮雞和活雞在味道差异不是很明顯，只是冰鮮雞因時間倉卒又大量宰殺，所以沒有活宰雞的工人細緻處理。加上冰鮮雞沒有標明宰殺日期，難於斷定其新鮮程度。

雞蛋

雞蛋選購須知

雞蛋在燈光照射下，全蛋透光，略呈微紅色。如果見蛋黃定在中央處，氣室小(約4~5毫米高)而固定在蛋的大頭端不移動，此蛋必新鮮，然而陳蛋則氣室較大，蛋黃增大，靠近蛋殼，蛋白變稀，繫帶鬆弛；把蛋轉動時，可見一個暗紅影在轉動。另一鑑別方法便是將蛋放入1量杯水內，蛋體的一半橫浸于水中，即表示新鮮；然而蛋浮于水面或呈垂直狀，則屬不新鮮貨。此外，可憑肉眼觀望蛋殼是否有以下特點：有雞糞污物粘附、完整無破、表皮粗糙而不光滑、表面有一層膠質薄膜並有白色霜狀石灰質粉粒，倘若蛋具備以上特徵，表明其新鮮度較高。反之，蛋殼表面平滑帶光澤，表示蛋已貯放一段時間，變成不新鮮蛋或壞蛋。

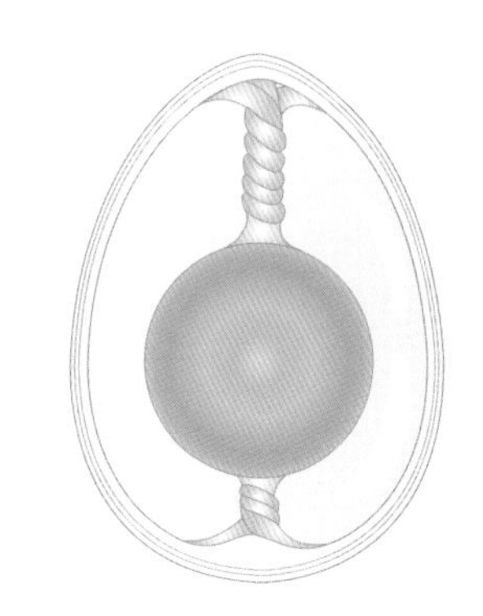

養雞達人的**經驗分享**

- 蛋殼的顏色代表不同雞種的雛雞苗，分有白殼蛋(又稱力康蛋，屬美國蛋)、啡殼蛋(歐洲、泰國、德國)、黃殼蛋(農村蛋、本地農場蛋、土雞蛋)、藍殼蛋(非洲)
- 壞蛋會發出惡臭味道。

蛋的營養組成

雞蛋營養豐富，含有蛋白質、脂肪(甘油三酸酯、膽固醇和卵磷脂)、13種維他命(A、B雜、D和E)、卵黃素、葉酸和12種礦物質。蛋按氨基酸組成與人體組織蛋白質最為接近，能提供人體基本所需卵磷脂和卵黃素除對身體發育和神經系統有幫助外，更有助增強記憶力。所以雞蛋全身都是寶。

雞蛋的貯放

雞蛋買回來用乾布抹淨蛋殼污物，切忌不要用水清洗，避免滋生細菌，加速蛋變質腐壞，然後將鈍圓那邊向上，放入雪櫃貯存。同時，雞蛋附近不要存放帶有濃馥味道的東西，因為蛋殼的氣孔會吸入氣味，加速蛋內物質改變，導致蛋變壞或腐臭。

香港常見蛋類

本地供應的雞量有限，所以大部份都是由中國大陸、泰國和美國等地供應。

中國雞蛋

蛋殼多屬粉紅色或啡色，堅實。

農村雞蛋／家鄉雞蛋

白殼，體積細小，薄身。

美國力康蛋（白殼）

蛋殼潔白，厚殼，蛋身略尖。

品種	中國雞蛋	農村雞蛋 / 家鄉雞蛋	美國力康蛋(白殼)
能量	120.01卡路里	170.5卡路里	120.01卡路里
蛋白質	11.3克	9.7克	11克
脂肪	9.8克	13.6克	7.8克
碳水化合物	1.1克	2.4克	1.3克
膽固醇	520.6毫克	520.6毫克	520.6毫克
維他命A	170.7微克	167.04微克	269.7微克
鉀	106.5毫克	64.4毫克	85.3毫克
鈉	110.6毫克	78.8毫克	82.4毫克
鈣	38.7毫克	29.6毫克	41.8毫克

註：上述蛋類的營養描述，以每100克食用部分計算，以上資料僅供參考之用。

養豬與綠生活

記憶中昔日的街市裏，商販會到茶檔或麵包店回收麵包皮和下欄食物，稱作豬餿，經烹煮後飼養豬隻，因為豬是雜食性動物，但凡可以飽腹的食材和廚餘，都可成為牠們的腹中物。隨經濟發達，新界豬場已有明日黃花的境況，幸賴有心人仍堅持信念，繼續承傳，本地豬仍有生存空間，豬餿更是本地豬的主糧呢！近年來，學校推行全日制，吸引了很多食品公司作飯盒供應生意，想不到飯盒回收後出現大量棄置食材和廚餘，現變成活豬的飼料。原來台灣早年已借助養豬而解決了三分一的廚餘呢！

肉豬的一生

1 種豬獨立在圍欄內。

2 等待交配的母豬。

3 母豬經留種後獨立分養，成孕養胎，母豬於產房待產。

4 已生產後的母豬。

5 小豬出生。

6 小豬飲用母乳40~50天。

7 戒奶後進食學習吃豬餿。

8 中豬。

9 成豬。

10 出售。

配種育豬

大型農場的場主每年會選用若干數量的大白公豬和長白母豬雜交，生出的第二代的母豬與紅毛公豬交配，生出的小食肉豬含有以上三種種豬的基因，以滿足市場需要。

成熟的母豬，其肛門會出現腫脹。

交配期

豬公成長至約7~9個月開始發情，當時牠會不斷叫喊和撞擊物件；母豬會在6~8個月大時發情，肛門腫脹發大，並有分泌物流出，表示它們適合進行交配，發情期大約有5~7天，豬農必須在此期間安排交配。一般情況下，豬公一天可與兩隻母豬交配，進行時會是一對一，待母豬交配後就編配在獨立欄籠裏待產。

豬場會準備數隻公豬，方便輪流進行交配，確保後代基因健康，避免近親交配弊病。

種豬交配流程圖

極大型農場

大白公豬與長白母豬交配，產生母豬

大白公豬、長白母豬

大白長白雜交豬

挑選母豬與紅毛公豬交配，公豬直接養大售賣

集三種種豬特質的雜交食肉豬

大型農場

大白公豬、長白母豬

大白長白雜交豬

挑選母豬與紅毛公豬交配，公豬直接養大售賣

集三種種豬特質的雜交食肉豬

小型農場

大白長白雜交豬

挑選母豬與紅毛公豬交配，公豬直接養大售賣

集三種種豬特質的雜交食肉豬

孕期和分娩

從交配後至生產期，總日子約為116日，即三個月三星期三天，日數甚準，大多時都不會偏差。豬農會觀察待產的母豬，當它出現厭食，胃口不開，奶頭滲出奶水現象時，表示即將生產，就會將它帶到產房。

母豬的產房很特別，豬籠用鐵枝圍住，中間為大間格，兩旁側有空間位置，方便母豬在中央生產時坐下，小豬可放在兩旁，不會因為母豬的龐大身軀壓下，壓死小豬。牠們可一胎生產8~14隻小豬，以母乳餵食至小豬戒奶，需時約30~50天。

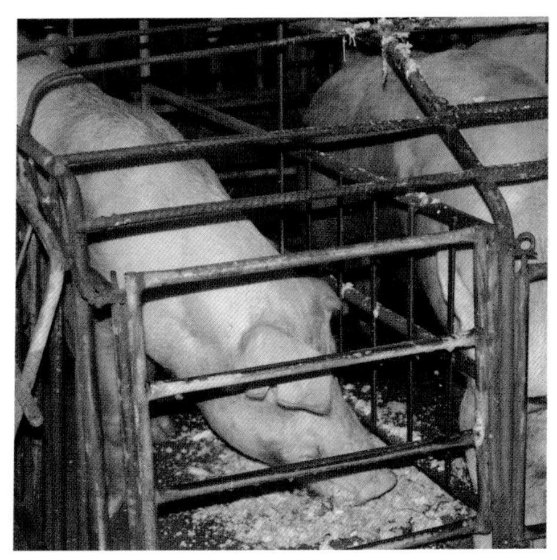

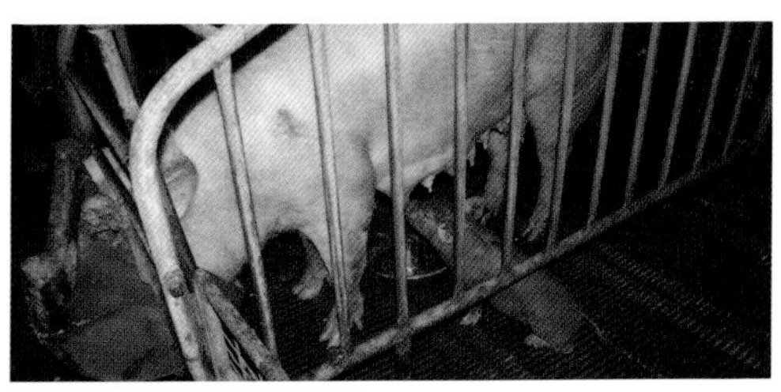

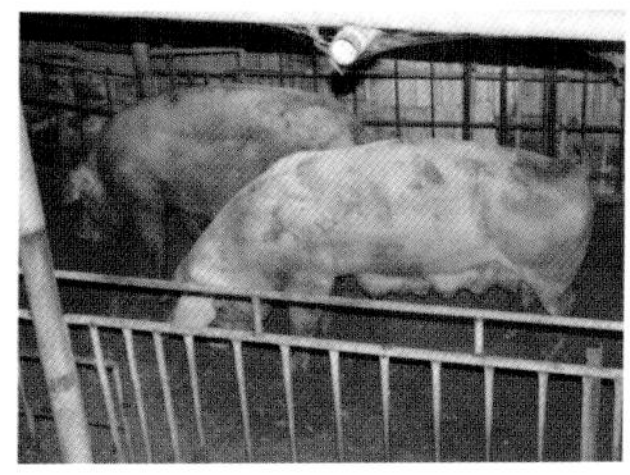

1 受孕後的母豬會於獨立欄飼養，靜待生產。
2 母豬困在產房，並進行喂哺小豬，中央為產房而旁側是讓小豬走動的空間，當小豬餓肚時，竄到產房處母親乳下吮乳。
3 生產後的母豬會放回另一豬欄，然後等待下一次的發情期，母豬的身形因生產後乳頭垂，肚腹下墮，沒有彈性。

養豬達人的**經驗分享**

- 大型農場會選購大白公豬和長白母豬在場內進行交配，衍生的第二代已含有這兩種豬的特質，待母豬長大後會與紅毛公豬雜交，生下的第三代小豬，便擁有這三種特質的雜交食肉豬。
- 大白公豬和長白母豬交配的第二代雜交肉食公豬，直接養大後出售為食肉豬。
- 小農場因成本控制的原因，可能直接購買大白與長白的雜交豬，然後與紅毛公豬交配孕育三種雜交肉豬。
- 經驗豐富的豬農，按照母豬發情的狀況，帶到公豬交配留種，通常是一次過成功受孕，很少不成功。
- 母豬一年可受孕2次，兩年大約會生4群小豬。懷孕6次的母豬便告退役，會用低價售賣予屠場。
- 種豬每三年會淘汰，再到種豬場購買新的種豬以作繁殖。

小豬的成長

小豬剛出世，體型嬌小，體重約2斤(1200克)，全身光禿，稍長後會有乳毛。出生50天內靠食母乳成長，接近30天左右，豬農會嘗試給小豬進食少量飼料，確保斷奶時能適應自己覓食。斷奶後的乳豬會進食飼料，然後轉到另一豬欄養育，50~80天的年輕豬，體重約有50~60斤重，已見成豬的外貌，肚腩不大，體型修長，豬毛柔軟。成豬時約200天，豬身龐大，體重約200斤，食量驚人。

按生長日數看豬成長

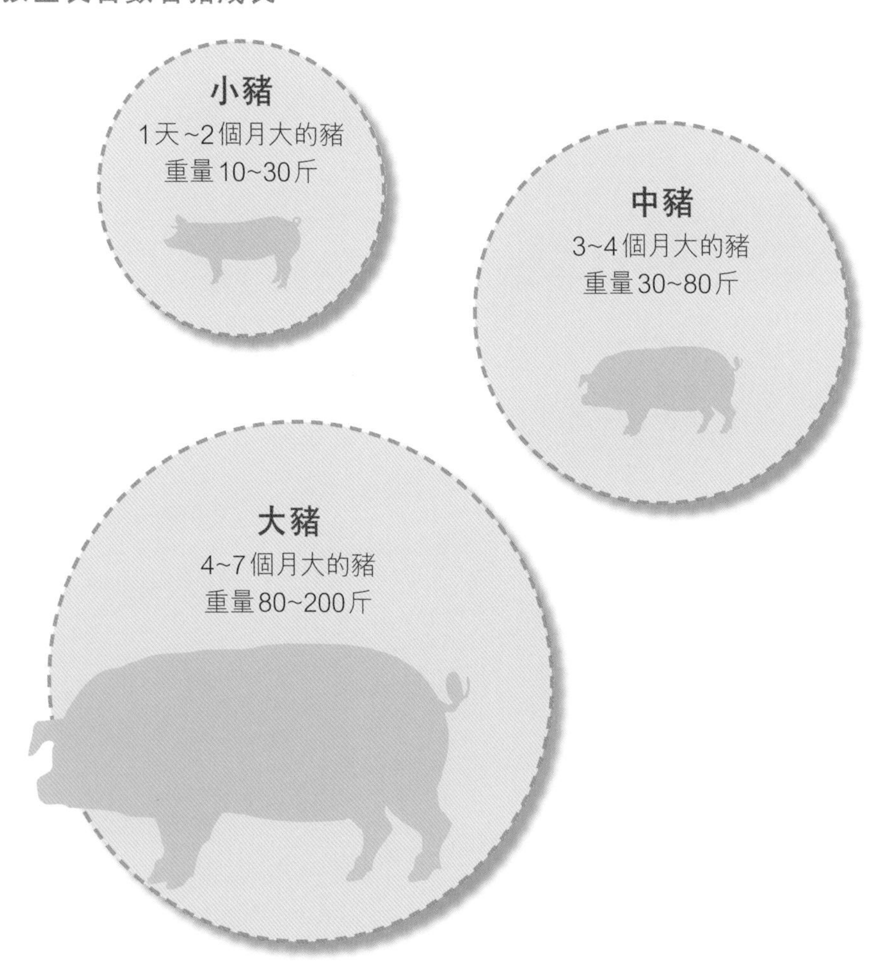

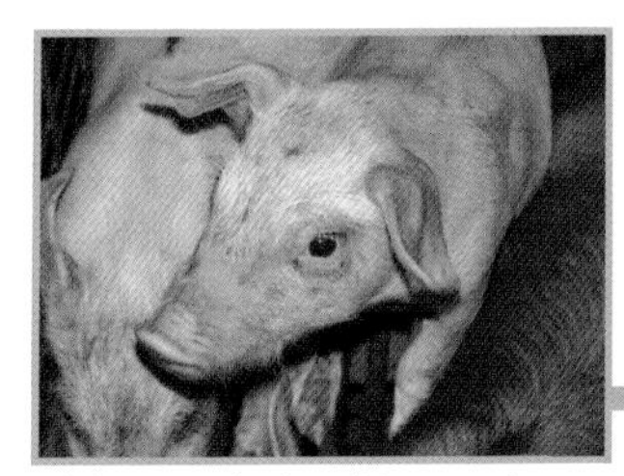

剛出生的小豬，樣子可愛。

戒奶後的乳豬，約50天大，體重約5~6斤(3~3.6公斤)。

哺乳乳豬，以啜乳為主，小部份學習吃食飼。

約90天的成熟豬，成長很快，長肉和體形變大。

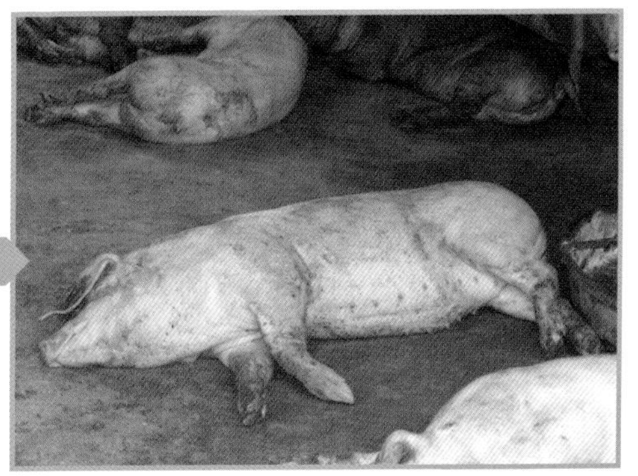

玩累了的成熟豬，已有200多斤(120公斤以上)，全身泥濘，躺臥地上歇息，可推到市場售賣了。

養豬達人的**經驗分享**

- 剛出生的小豬需要替其剪牙，防止在啜飲母乳時咬傷母豬的乳頭。
- 小豬在出生後立即剪短尾巴，防止小豬因霸占地盤或嬉戲時，咬傷尾部，令傷口發炎而死亡。
- 雄性豬仔於一星期內進行閹割手術，把睪丸去除，避免成長後的豬肉帶有羶味和吸引雌豬發情交配。
- 豬奶缺乏鐵質，所以一星期大的小豬需要給它們注射葡萄糖鐵(鐵質)，以防止貧血。
- 三星期大的小豬，開始接種疫苗，包括豬瘟、肺炎、偽狂犬病、口蹄病等多種傳染病，整個防疫注射約需12星期完成。

細說養豬當年今日事

50年代
香港沒有大型農場

60年代
引進白皮豬的大白種豬

70年代
農場的規模越來越大，更趨現代化

在二十世紀50年代以前，香港沒有大型農場，農村的農戶會散養數隻土種豬，這些豬的特質，不擇食，粗生粗養，對營養的需求不高，只需餵予水蒲蓮(Pistia stratiotes)、米糠和餿水，但生長速度慢，飼養10個月以上，其體重才達到100斤。肥肉多瘦肉少，其肉質結實而鮮美，好生養，一胎能有20隻之多，故成為農民的副業，賺取額外收入。

60年代，香港漁農處從英國及澳洲引進白皮豬的大白種豬，藉以提升本地豬肉的生產量。及至70年代末期，農場的規模越來越大，更趨現代化，從美國引進紅毛和蘭德斯種豬與本地豬進行雜交，成為現代流行的肉豬，一直沿用至今。

黑白毛的土種豬

黑白毛的土種豬在池種植的水蒲蓮

百分百香港製造的健營豬

“健營豬”是優質肉豬，脂肪不多，身形纖細修長，綫條優美，皮光肉滑，生長期快。最能滿足香港人喜歡瘦肉多，肥肉少，肉質精細的要求。“健營豬”是一種雜交種的肉豬，由三種肌肉形的豬種——蘭德斯豬(Landrace)、約克夏豬(Yorkshire)和紅豬(red pig)屬杜洛豬(Duroc)雜交繁殖，採用衛生而有系統管理的方法，天然飼養方法，利用廚餘配合營養飼料，給予合理的生長時間，令豬隻健康成長。

食廚餘的好豬

傳統養豬，利用豬餿，即人們吃剩的殘渣或農場的剩料如君達菜或番薯葉作豬的食糧，環保又健康。現在隨著農業萎縮，沒有完整的生態系統，但港農秉持健康養殖，於是利用廚餘收集作為飼料一部份，100隻豬以下的農場，每天需要約2噸廚餘喂豬，然後按豬隻生長的不同階段，配合所需而加入粟米粉、魚粉、黃豆粉、麥糠、豆渣、豆粉等。

不同階段的飼料

剛出生的小豬至50天以母豬哺乳為主。

到了35~60天則以母乳和廚餘混合喂食。

60天至4個月大的小豬，需要有廚餘、粟米粉、魚粉、黃豆粉、麥糠等以高營養餵食，這時期的小豬需要營養素高，故以粟米粉、魚粉和黃豆粉等高蛋白素給小豬迅速生長。

到了4個月以上，刪去了粟米粉、魚粉，反而加入豆渣(纖維素來源)，讓豬隻成長但脂肪則不太多。

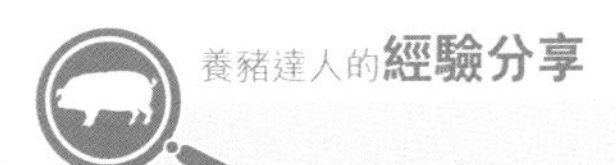

- 初生首日的小豬，啜飲母豬的豬奶，最有益處，因首日的乳奶含有母源抗體，讓小豬抵抗疾病，但保護期只有3~4星期，隨著小豬成長而沒有作用，需靠其自己的抗體抗病。由於豬乳缺乏鐵質，現代豬農會在小豬生長至3星期時，給予"教糟"，即把含奶粉飼料攪碎成糊狀，讓小豬除了啜飲母乳外，還學習自己進食，增強體格。好處是給牠們添加所需營養，還可以因自行進食而健康成長，增強免疫力，對抗疾病。
- 利用腐木或建築後廢料作加熱燃料，在豬場四周種植樹木，吸取燃燒時產生的一氧化碳或廢氣。
- 進食前，豬農會先替豬豬清洗場地，讓牠們安心享用食物，正常情況下是每天兩次，時間約早上8:30和下午5:30。
- "健營豬"便采用這天然飼養方法，利用廚餘配合營養飼料，給予合理的生長時間，符合傳統喂飼方法，采用衛生有系統的管理方法經營，令豬隻健康成長。

由廚餘到豬飼料

在一片環保聲中，提倡珍惜資源，少浪費，物料循環再用，更重要的是發揮萬物之間的和諧與互補的微妙關係，簡樸的農夫其實一向是忠實環保支持者，他們善用都市人吃不完的食物製作飼料。定期派人到食肆收集廚餘，回來後按生熟分類，再把生的材料煮熟，混合豆粉、豆渣和魚粉等飼料給豬隻食用，健康又衛生。

收集回來的食肆廚餘，有生有熟，但食物質素很高。

未熟的廚餘堆放一起。

然後把未熟的廚餘加熱煮熟。

廚餘和飼料混合堆放。

豬農把廚餘和飼料用耙子混合。

分桶盛起。

現代的餵豬方法

傳統的喂食方法，豬農會在豬欄地方挖出一道淺坑，方便置放豬餿和供水一併處理，所以在豬欄的前方有淺坑。好處是方便餵飼和疏導，壞處則難於清洗，以及地方容易淤塞，不平坦。

舊式養場：在豬欄旁挖出淺坑作喂飼之用。

隨著管理趨于完善，新一代的農場會用鋁筒盛載食物，並在欄柵上附設飲水設施，方便豬隻隨時飲用，清潔衛生。

進食前先沖身：豬農把泥漿滿身的豬徹底清潔。

新式養豬：豬隻在食物桶中取食。

血統優良平添豬的滋味

系出名門，豬種通識

豬是人類主要食用的家畜之一，在中國早馴養的歷史很長，屬"六畜"之一。全世界的豬種主要分為白豬(white pig)、黑白條紋豬（black-and-white belt pig)、黑白花豬(black-and-white spotted pig)和亞洲豬（Asiatic pig)，當中每種種豬又分為豎耳和垂耳兩分類。

香港流行的三種種豬，特質如下：

約克夏豬（Yorkshire）

豎耳的豬多為約克夏豬(Yorkshire)，俗稱"大白"。源產於歐洲，是黑白種豬。優質的約克夏豬，體形高大，骨胳強壯，抗病力高，豬農廣泛選用，常與蘭德施豬交配生產出母豬。

杜洛豬(Duroc)

紅豬屬杜洛豬(Duroc)，據説源自西班牙和葡萄牙，傳入美國東岸後交配繁殖，成為美國著名的名豬，如澤西紅豬或新澤西紅豬，名聞遐邇。它的顏色比較變化不定，不是真的只有紅色，偶有棕紅色、淡金色、黃色、深紅色或桃花木紅色等，身型屬中等，特徵是細面和豎耳，其肩部及臀部比較發達。豬農普遍用這種雄豬與大白或長白雜交的母豬交配繁殖，產出含有三種豬優點的食用豬。

蘭德斯豬（Landrace）

白豬的垂耳種豬主要為蘭德斯豬(Landrace)，俗稱"長白"。是歐洲名種，因產地不同，還分為德國蘭德斯種、比利時蘭德斯種、丹麥蘭德斯種、美國蘭德斯種，源產於丹麥。其特點是母性強，產豬量多，母乳充足，適合喂哺小豬，擁有粉紅皮膚，少毛，垂耳，豬身長，肉多而結構優良，少脂肪，成長期快速。全球養豬場都選用這種豬為母系。

香港豬肉檯分割與食用通識

頭、肩胛、背腹脊、後腿及尾部五個部份。

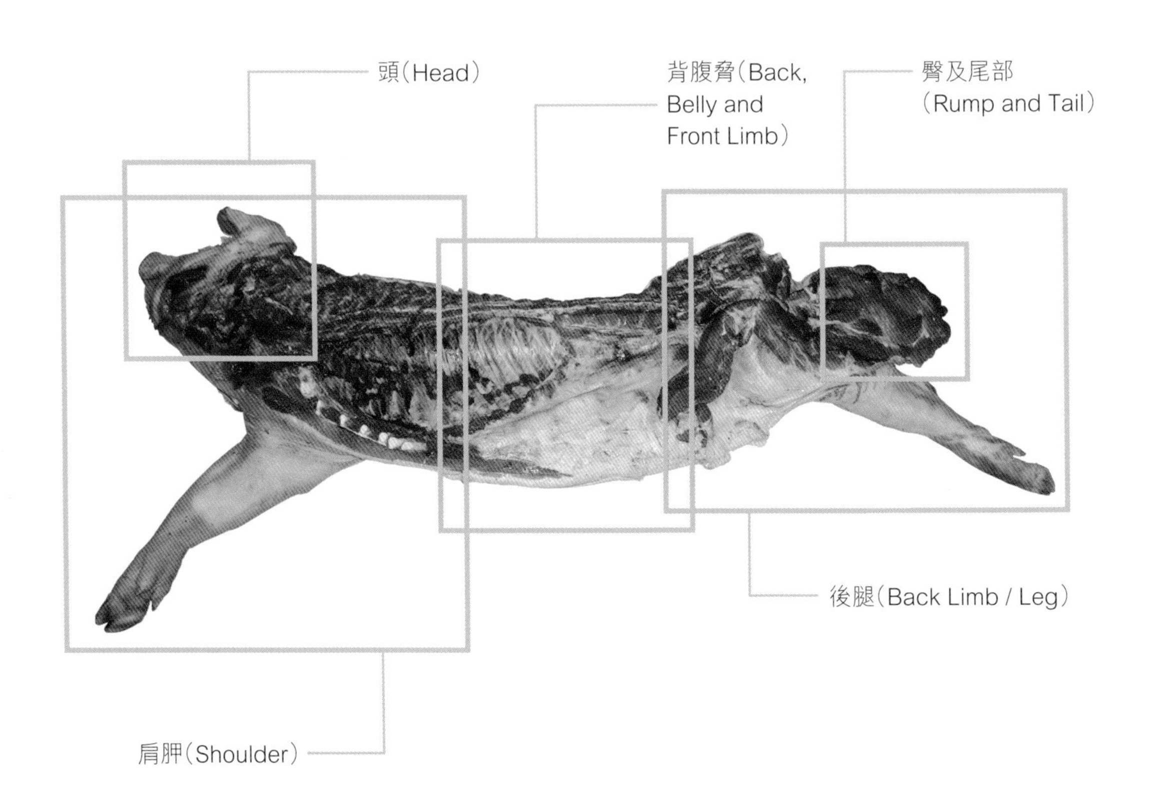

下面分別介紹各個常用的食用部位。

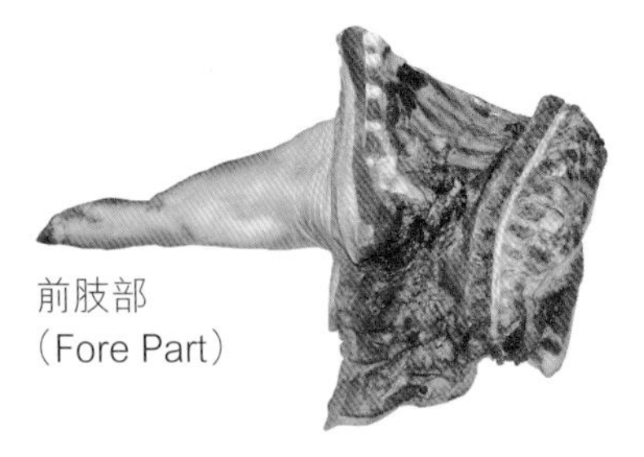

前肢部(Fore Part)

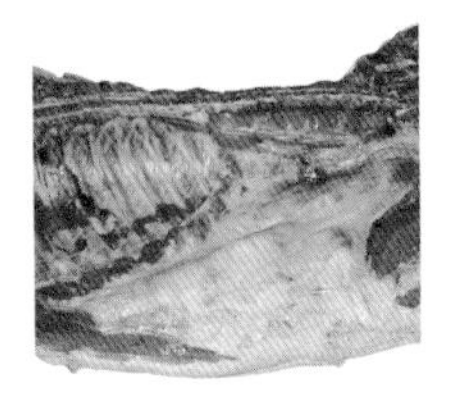

中間部(Middle Part)

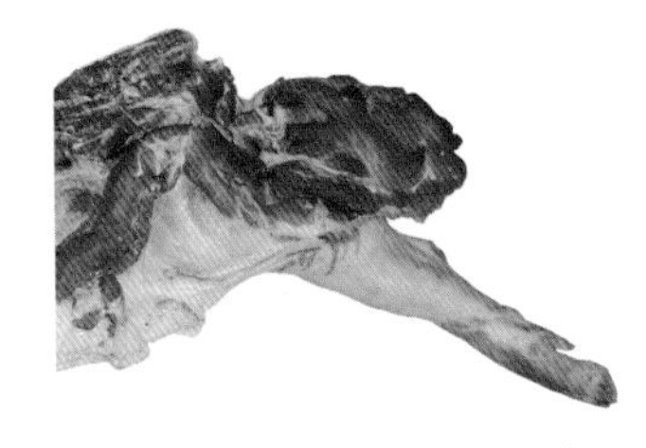

後肢部(Hind Part)

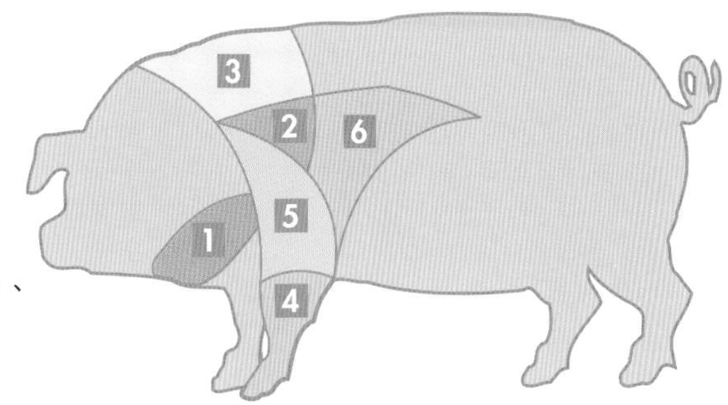

豬面和肩胛部

豬面和肩胛部包括了上肩肉、肩胛骨(唐排)、前蹄膀(肘子)、豬手(前蹄)、扇骨。

Part 1 | 豬面肉(Jowl) 粵 Chu Min Yuk

本地名稱 / 部位：

豬面肉、面頰肉、“面珠登”、豬頸肉、肉青。豬頭至頸項。

烹調用途：

肉質爽脆，富彈性，肉汁豐富，油份頗重，但肉味頗濃，配合調味醬，十分惹味，適合爆炒、燒、焗、焯、蒸。建議薄斜切，方能享其風味，因太厚切會有點韌，不過愛其嚼勁，又無不可。

特徵：

全豬共有2塊，藏于于豬的淋巴腺之下，部位介乎于頸與面的位置，肉形修長，約5~6吋長，表面含微量脂肪，但肉質驟看精瘦，暗藏肥肉，錯綜複雜，肉紋畢直。

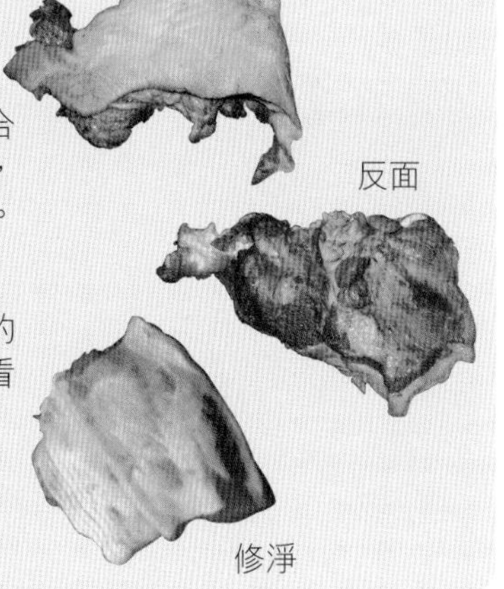

Part 2 | 妃骨(Soft Neck Bone / Oyster Bone) 粵 Fei Kuo

本地名稱 / 部位：

妃骨。頸脊骨對下的背骨。

烹調用途：

由于肉臉軟骨少，沒筋沒肥油，肉質細緻，適合老人進食，因肉味屬清淡，容易煮熟，以蒸為主。

特徵：

每隻豬只有兩塊，每塊重約8~10兩(300~375克)，肉質極度纖細，柔軟嫩滑，沒筋沒脂肪，肉味清淡，有薄而軟的硬骨，末端位置偶有少許軟骨。

Part 3 | 肩胛骨(Neck Bone) 粵 Tong Bie

本地名稱 / 部位：

肩胛骨 / 俗稱頸骨、唐排。由頸骨至豬手的脅部。

烹調用途：

肉販會把這塊豬骨分為二。頸骨因為含肉含骨，肉質纖細，脂肪含量極少，肉味濃鬱，適合長時間烹煮使肉質腍軟，骨酥肉糜爛，煲、燜就最適合；唐排沒肉有骨，幾乎不含脂肪，沒有肥油，肉味淡薄，可與果菜或藥材同煲，以煲為主，老火湯和粥品頗適合。

特徵：

頸骨連脊椎骨為軸心，偶有小軟骨，肉質腍軟，全長約7~8吋，全豬只有兩塊。接連下去的有呈三角形的胸肋骨，約從頸骨向下數5~6條肋骨的位置。

Part 4 | 豬手(Fore Foot) 粵 Chu Sau

本地名稱 / 部位：

豬手 / 豬的前肢、前臂連蹄。

烹調用途：

脹肉的纖維細軟，有時肉販會把它抽出或是連蹄尖售賣。豬手一般是由脹肉連蹄尖為佳，其含豬筋和皮，膠質豐盈，經烹煮後則會釋出大量膠原，凉凍後會變凝膠狀，令汁液變稠，吃時會有粘粘的感覺，適合滷、燜、煲、煮、燉、燴、燒等。

特徵：

屬豬的上肉，每隻豬有一雙。由肘子、小脹肉、直骨、筋和骨膜等組成，因含有豬皮和筋成份，骨膠原很豐富，味道濃鬱。其脹肉的質地極度細緻纖幼，腍滑柔軟，肉味清淡。肉筋細嫩，容易煲腍，膠質厚而黏度濃。

Part 5 | 豬筒骨(Humerus Bone) 粵 Chu Tung Kuo

本地名稱 / 部位：

豬筒骨 / 豬上肢骨

烹調用途：

適合煲湯、熬湯，做豬骨煲。

特徵：

每隻豬有兩條豬筒骨，大多數用作煲湯。有食肆以豬筒骨中的骨髓作為特色餸菜，並供應客人飲筒去吸啜骨髓。

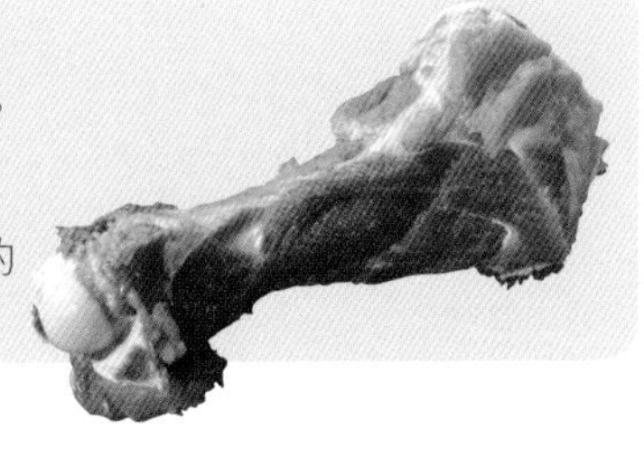

Part 3 | 梅頭肉(Collar Butt / Boston Butt) 粵 Mui Tau Yuk

梅頭第一刀(First Cut on Mui Tau Yuk)

本地名稱 / 部位：

梅頭肉、豬爽肉、第一刀肉。豬頸骨下的瘦肉。

烹調用途：

這塊可算是百搭肉，沒筋沒油，肉質非常脸軟，肉味濃烈，脂肪含量不多，可煎、炒、蒸、煮、煲、燜、焗皆宜。肉販建議原塊煲湯、燜鮑魚、炆冬菇都是完美組合，兼能引發這食材的優美之處。做半肥瘦上等叉燒的必備。

特徵：

肉販會把瘦肉連皮和少許肥肉合併切下，每隻豬只有兩塊，每塊約14兩至1斤(525~600克)。一般情況下，瘦肉與脂肪錯綜交集，肉質脸軟溫柔，肉味極度濃鬱和豐盈，就算那少許肥肉，都很爽脆，不肥不膩。

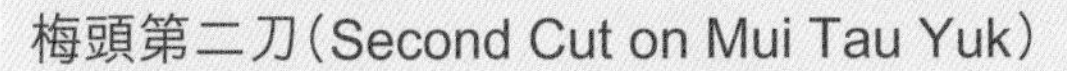

梅頭第二刀(Second Cut on Mui Tau Yuk)

本地名稱 / 部位：

豬肩肉、第二刀肉、豬肉。梅頭肉後的豬肩肉。

烹調用途：

肉纖維粗中帶幼，集多塊肌肉一起，肉販會切成長條狀。因其含脂肪，肉質比較粗，肉味濃鬱，需要長時間烹調，方可煲至脸軟，以煲湯為主，配合瘦物材料，如菜乾、西洋菜、白菜、霸王花等。

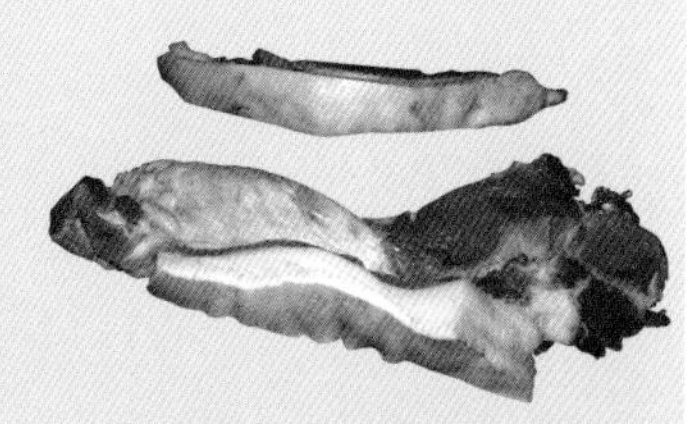

特徵：

接近豬脊的瘦肉連皮豬肉，比例約為4:1，肉質脸滑帶點微爽，纖維肉比較粗中帶幼，肉與肉之間有一層薄脂肪膜，未帶豬筋膜，但肉味頗濃鬱。

Part 5 豬踭肉(Arm Picnic / Shoulder Picnic) 粵 Chu Tsan Yuk

本地名稱 / 部位：

豬踭肉、不見天 / 豬肩與豬手之間的脅底肉。

烹調用途：

肉質腍滑，肉味濃，但經長期烹煮或煲後，肉膜的脂肪都會飄浮出來，所以當煲至腍身後必須先取出，否則全湯會浮出脂肪，但煲腍的豬肉，味道仍濃烈，可用醬油蘸食或以糖和醬油炒煮，風味十足。

特徵：

經常不與陽光接觸，活動力少，肉質腍軟偏瘦，連豬皮兼含有筋膜，不肥不膩。

Part 6 扇骨(Blade Bone) 粵 Zin Kuo

本地名稱 / 部位：

扇骨、琵琶骨。上肢肉覆蓋下肩骨的骨骼。

烹調用途：

含脆軟骨的部份，肉質腍軟而味清淡，可斬粒以蒸、炆、煲為主。硬骨部份，味道不濃但沒有含脂肪，以煲湯為主。

特徵：

上圓下尖，形如扇面，其前端含脆軟骨，中間為有一直骨突起的硬骨，肉質柔軟，味道清淡，沒有脂肪和筋膜。

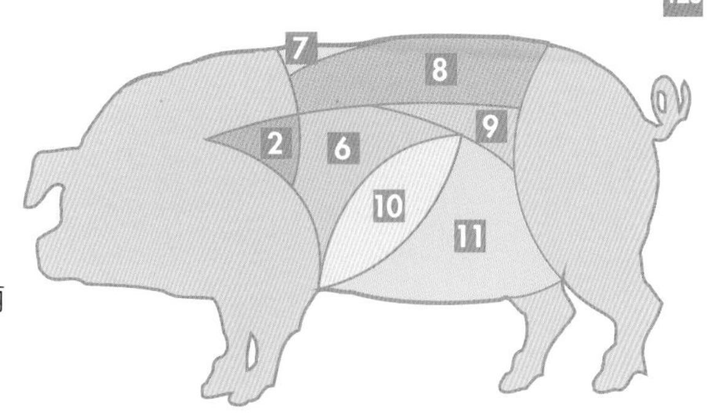

背腹部

背腹部，包括脊骨、柳梅、豬扒、排骨、腩肉和豬膏部份。

Part 7~9 | 一字骨(Loin Ribs / Back Ribs) 粵 Yat Tze Kuo

本地名稱 / 部位：

一字骨、寸骨、腩排、金沙骨。脊骨與腹部的中央部位。

烹調用途：

腩排骨的肉質細嫩爽脆，含脂肪，肥瘦均勻，烹煮後有肉汁，可炆、焗、燒、炸、燴、燉、煲、糖醋。燒烤用的金沙骨亦是由這些豬脊骨修改而成。

特徵：

排骨的長度約3~4吋，有骨有肉，肥瘦梅花相間，肉質爽脆，纖維幼細，味道濃鬱，含脂肪成份。皮下脂肪即肥肉，爽脆不膩，肉皮平滑，可進行砂爆或油爆的加工過程，便成為車仔麵的豬皮。

正面

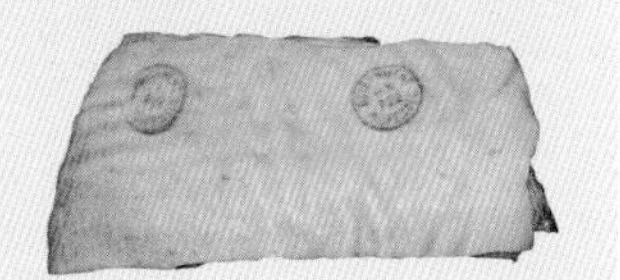
反面

Part 7~8 | 豬板筋(Eye of Loin Aponeurosis) 粵 Chu Bann Kun

本地名稱 / 部位：

豬板筋、豬肉筋 / 脊骨連豬排的背筋。

烹調用途：

沒有脂肪，爽脆，屬下欄材料，適合焯、炒、蒸。

特徵：

板筋長而潔白，含有薄薄一片瘦肉或精肉，沒有脂肪，爽脆，含濃濃肉味。

Part 7~8 | 豬扒（Rib Loin） 粵 Chu Bai

本地名稱 / 部位：

豬扒、豬排

烹調用途：

適合煎、炸、焗。

特徵：

由筋膜、淨肉和脊骨組合而成，肉纖維排列整齊清晰，肉質柔軟，無腥味，無脂肪，但豬扒的前端接近梅肉部位，肉質腍軟而又帶有脂肪。

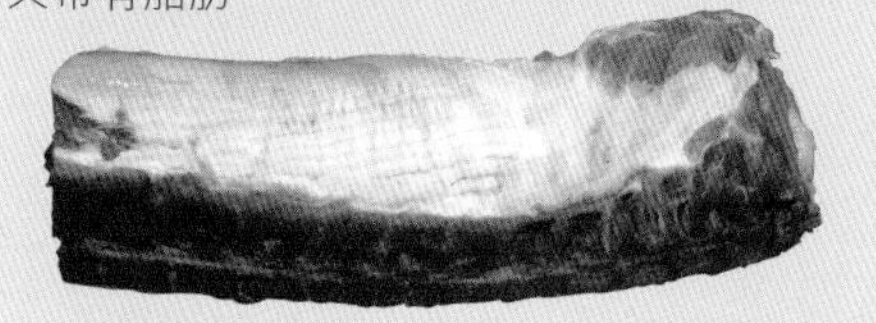

Part 7~8 | 肉眼（Boneless Eve of Loin） 粵 Chu Bai

本地名稱 / 部位：

肉眼、無骨豬排 豬扒起骨。

烹調用途：

適合炒、煲湯。

特徵：

由筋膜、肉眼組成，肉色淡紅有光澤，纖維排列整齊清晰，肉質柔軟，無腥味，無脂肪。

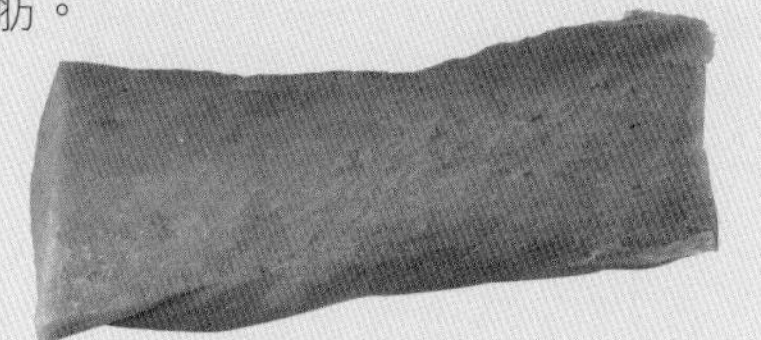

Part 10~11 | 豬腩肉（Belly） 粵 Chu Nam Yuk

本地名稱 / 部位：

豬腩肉、崩沙腩 / 腹部無骨位置。

烹調用途：

肉質嫩滑細緻，沒肥脂，一般以攪碎免治，適合蒸、炒、煮、炆、煲、拌餡。

特徵：

豬腩肉含有筋膜的淨瘦肉，幾沒有肥膏或脂肪，肉質纖維驟眼粗糙，但細嚼時卻十分細緻嫩滑，這與它是沒有活動的原箇，紋理呈直條。

Part 2, 9~11 | 五花腩(Belly) 粵 Ng Fa Nam

本地名稱 / 部位：

五花腩、三層肉、腩尾肉 / 腹脅部的下端肉。

烹調用途：

肉質細嫩，肥肉不膩，需要長時間烹煮，適合炆、煮、燉、煲、燴、蒸、白切。

特徵：

豬腩肉含有筋膜的淨瘦肉和連皮肥肉，肉質纖維驟眼粗糙，但細嚼時卻十分細緻嫩滑，肥瘦梅花相間，精肉部份多。

後腿部

後腿部，包括柳梅、尾龍骨、腲肉、豬腳。

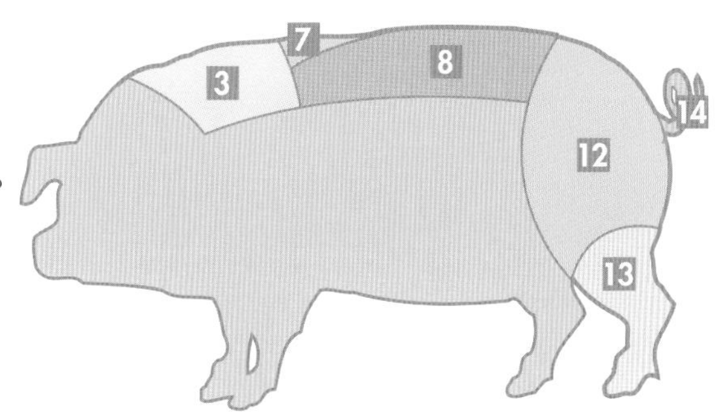

Part 3,7~8 | 柳梅肉(Tenderloin) 粵 Lau Mui Yuk

本地名稱 / 部位：

柳梅肉、小肌、腰內肉、腰枚 / 脊骨與豬排肉側的一條嫩肉。

烹調用途：

沒筋沒肥膏，肉質纖幼，適合燒、蒸、炒、煮、煲、燴。

特徵：

肉質柔軟細緻，纖維直條纖細，沒有脂肪和筋膜，肉味淡薄。

Part 12 | 水鑽肉(Diamond Hock) 粵 Tsu Chun Yuk

本地名稱 / 部位：

水鑽肉、水腲 / 後腿肉夾雜在大、小腲的附近。

烹調用途：

肉質纖維粗，肉味淡，沒有脂肪，適合煲、炒、燉。

特徵：

純精瘦肉，沒肥膏、沒筋膜，肉味清淡，不肥不膩。

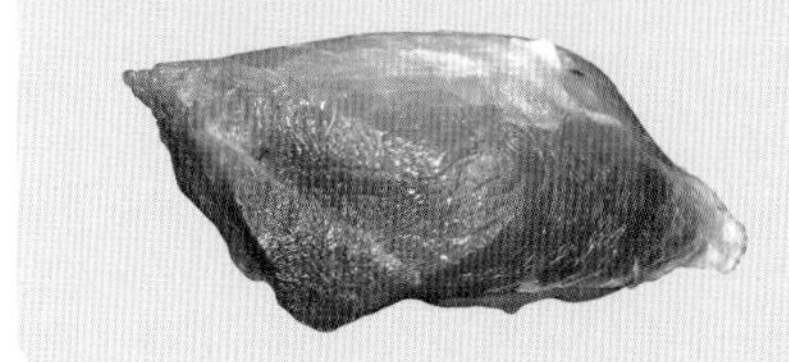

Part 12 | 粵 Tai Chin
大脹(Hock Meat / Pork Muscle)

本地名稱 / 部位：

大脹、豬腱肉、內腱肉 / 豬腳的肌肉部位。

烹調用途：

肉質嫩滑，肉味清淡，不肥不膩，適合煲、燉、煮、燴。

特徵：

肉質腍滑，纖維細緻，含筋膜，有短小粗筋，精肉或瘦肉多。

Part 12 | 粵 Hock Meat/ Pork Muscle
小脹(Hock Meat / Pork Muscle)

本地名稱 / 部位：

小脹、豬腱肉、內腱肉 / 豬腳的肌肉部位。

烹調用途：

肉質嫩滑，肉味清淡，不肥不膩，適合煲、燉、煮、燴。

特徵：

肉質腍滑，纖維細緻，含筋膜，有長筋，精肉或瘦肉多，接近蹄尖上方位置。

Part 13 | 豬腳連骨(Femur / Hind Foot) 粵 Chu Kui / Tung Kuo

本地名稱 / 部位：

豬腳連脹骨 / 豬的後肢的蹄。

烹調用途：

脹肉的纖維細軟，有時肉販會把它抽出或是連蹄尖售賣。豬腳一般是由大、小脹肉和水鑽肉連蹄尖，其含豬筋和皮，膠質豐盈，經烹煮後則會釋出大量膠原，凉凍後會變凝膠狀，令汁液變稠，吃時會有粘粘的感覺，適合滷、燜、煲、煮、燉、燴、燒等。

特徵：

由小脹肉、直骨、筋和骨膜等組成，因含有豬皮和筋成份，骨膠原很豐富，味道濃鬱。其脹肉的質地極度細緻纖幼，腍滑柔軟，肉味清淡。肉筋細嫩，容易煲腍，膠質厚而黏度濃。

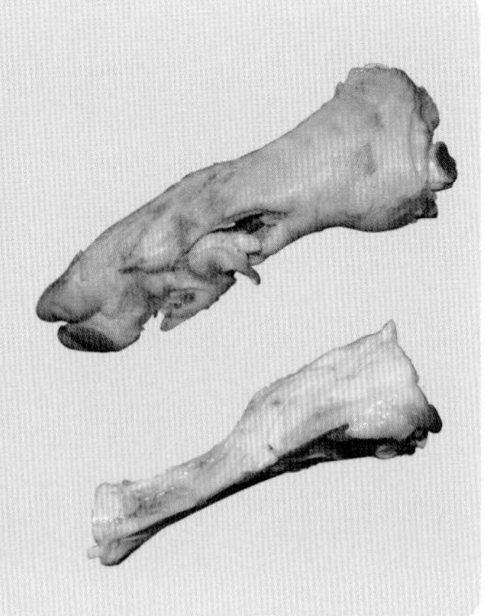

Part 12 | 粵 Mei Lung Kuo

尾龍骨(Ciccygael Bone)

本地名稱 / 部位：

尾龍骨、鎖骨、上骨 / 脊骨下的硬骨。

烹調用途：

骨味濃鬱，肉少但沒有脂肪，以煲湯為主，湯色奶白，肥油很少。

特徵：

中間有圓形骨，兩端有直骨，肉味濃鬱，骨味濃烈，不肥不膩，肉少骨多。

Part 14 | 豬尾(Tail) 粵 Chu Mei

本地名稱 / 部位：

豬尾 / 接連鎖骨的尾部。

烹調用途：

肉質腍軟，偶有脆骨，越近尾部可煲、炆、煮，上端部份的肉骨以煲為主。

特徵：

細長腍滑，含少量脂肪，肉質腍軟，味道濃烈。

內臟(Offals)

內臟包括了豬肝、豬腰、粉腸（小腸）、生腸(輸卵管)、豬肚、豬肺、豬心、豬橫脷。

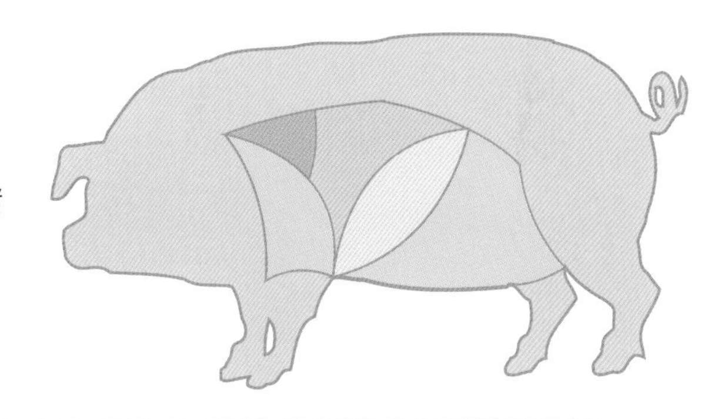

豬膶(Liver) 粵 Chu Yun

本地名稱 / 部位：

豬肝 / 豬的肝臟。

烹調用途：

可做豬雜粥、炒豬雜、炒、焯、煲、滷、滾等。黃沙膶宜炒，因其質感爽脆沒有苦味，但比較難遇上。

特徵：

暗藏苦膽，不能割破，否則全副肝臟變苦，難於入口。質感柔軟，由多夥小蕾粒組成，未熟是柔軟，剛熟軟滑，過火便味如嚼蠟。

豬肚(Maws / Stomachs) 粵 Chu Tau

本地名稱 / 部位：

豬的胃部，屬消化系統。

烹調用途：

可做滷水豬肚、鹹菜豬肚湯、炒肚尖、炒肚仁、豬雜粥、炒豬雜、煲湯料等。

特徵：

纖維粗，肉味濃並帶有一點異味，所以必須用油、生粉和鹽擦洗，還要下點醋或檸檬飛水，去掉異味，方可進行加工處理。

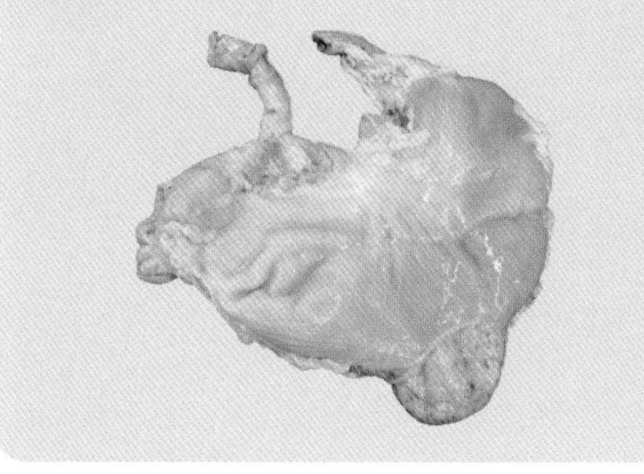

豬心(Heart) 粵 Chu Sum

本地名稱 / 部位：

豬的心臟。

烹調用途：

可做滷水豬心、炒豬雜、豬雜粥和煲湯料等。

特徵：

肉質細緻帶韌，口感爽脆。

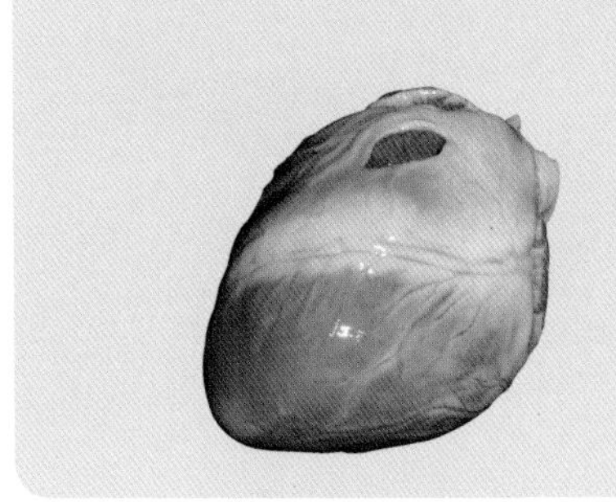

豬腰(Kidney) 粵 Chu Yiu

本地名稱 / 部位：

豬的腎臟。

烹調用途：

可做豬雜粥、炒豬雜的材料。

特徵：

形如腰子，肉質纖細，內裏有白筋(腎小管)分布，含大量異味，使用前必須去白筋和去血。

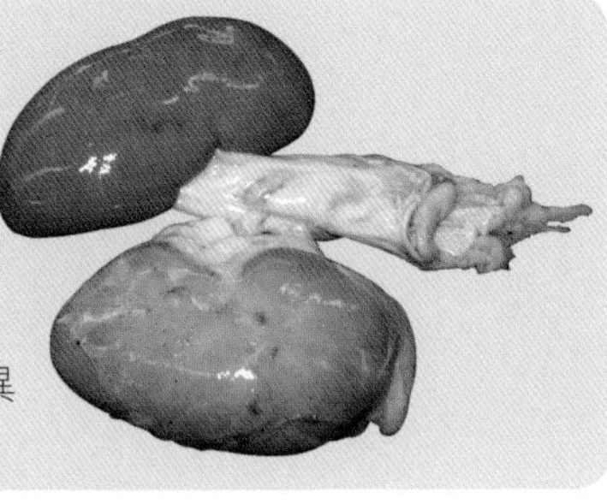

豬大腸(Large Intestine) Chu Tai Cheung

本地名稱 / 部位：

腸頭 / 豬的大腸。

烹調用途：

可做滷水大腸、釀糯米腸、燜煮料等。

特徵：

質韌而纖維粗，腸內含肥膏，肉味濃並帶有一點異味，所以必須用油、生粉和鹽擦洗，還要下點醋或檸檬飛水，去掉異味，方可進行加工處理。

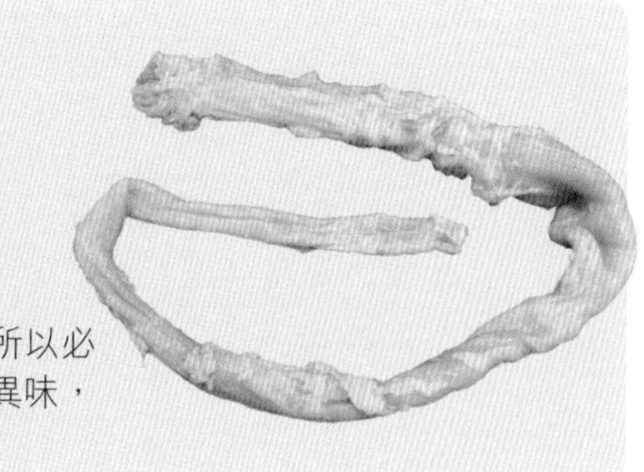

小腸、豬粉腸(Small Intestines) Siu Cheung / Fan Cheung

本地名稱 / 部位：

豬的小腸。

烹調用途：

可做滷水豬粉腸、豉油皇粉腸、味菜粉腸雜、豬雜粥、炒豬雜和煲湯料等。

特徵：

內藏黃色如濃痰般粘液，偶有寄生蟲依附，宜用生薑或蒜頭放腸內通，把寄生蟲排出。

生腸(Uterus) San Cheung

本地名稱 / 部位：

母豬的生殖器官

烹調用途：

可做滷水生腸、煲粥和湯料等。

特徵：

味道濃烈帶異味，必須用鹽、生粉和油擦洗漂淨，加點醋飛水，方可去除異味。

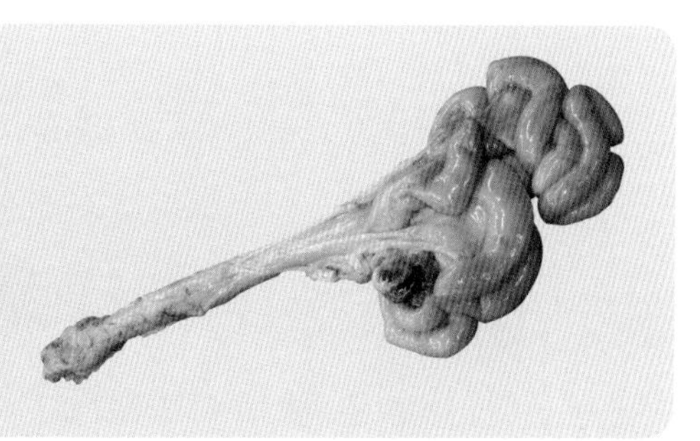

豬小肚(Bladder) 粵 Chu Siu Tao

本地名稱 / 部位：

豬小肚 / 豬的膀胱，豬尿脬。

烹調用途：

可做滷水豬肚、釀餡的外層、煲湯料等。

特徵：

質韌而纖維粗，肉味濃並帶有一點異味，所以必須用油、生粉和鹽擦洗，還要下點醋或檸檬飛水，去掉異味，方可進行加工處理。

豬肺(Lung) 粵 Chu Fai

本地名稱 / 部位：

豬的呼吸部位。

烹調用途：

切件後可做杏汁白肺燉湯和煲湯料等。

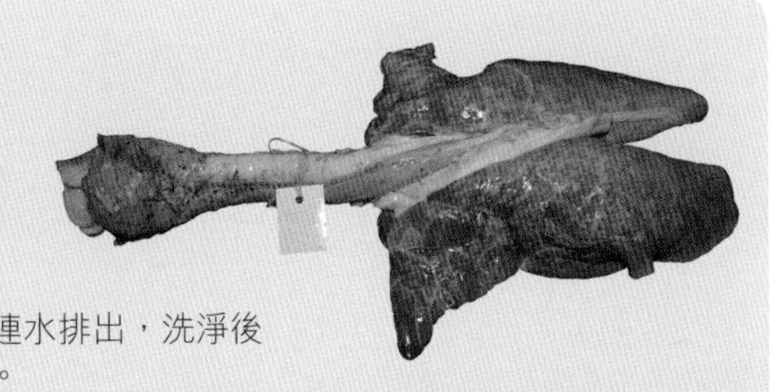

特徵：

當充水後會膨脹變白，用手輕壓，肺內氣泡連水排出，洗淨後只要用乾鑊熱炒，肺內水會連污物排出縮小。

豬橫脷(Pancreas) 粵 Chu Wang Lei

本地名稱 / 部位：

豬的胰臟。

烹調用途：

可做味菜粉腸雜和煲湯料等。據説這食材非常適合患糖尿病人食用，但沒有正式的科學研究確認。

特徵：

質感有點像豬肝，脸軟帶粉狀。

唔講你唔知

豬的各部位營養價值：

豬皮含有豐富的動物性膠原蛋白(Collagen)。膠原蛋白是人體內含量最豐富的蛋白質，佔全身總蛋白質的30%以上。膠原蛋白富含人體需要的甘氨酸(Glycine)、脯氨酸(Proline)、羥脯氨酸(Hydroxyproline)等氨基酸。它具有很強的伸張能力，是韌帶和肌鍵的主要成份，膠原蛋白還是細胞外基質的主要組成成分。它使皮膚保持彈性，而膠原蛋白的老化，則使皮膚出現皺紋。膠原蛋白亦是眼睛角膜的主要成份，但以結晶形式組成。

膽固醇與血管病：

豬肉中的脂類主要是中性脂肪和膽固醇(Cholesterol, $C_{27}H_{46}O$)。在畜肉中，其肉的脂肪含量最高，以飽和脂肪酸(Saturated Fatty Acid)的組成為主，熔點較高，但置於較低溫度下卻呈固態。循膽固醇含量的排列，瘦肉較低，肥肉比瘦肉高，內臟屬最高，它約為瘦肉的3~5倍，至於豬腦的膽固醇含量最高，每100克可達2,000毫克。雖然膽固醇在人體內有著廣泛的生理作用，有利就有弊，它也是血栓的主要成因。奉勸一句，高膽固醇食物攝食過多會導致動脈粥樣硬化，可能併發心血管病，增加高血壓和中風的發生概率。

叉燒與食用色素：

叉燒一般多用梅頭豬肉，製法是將去骨後的豬肉調味後，以叉子撐開，放在火上燒烤而成。燒烤叉燒時會在表面塗上紅色的叉燒醬，故此叉燒是紅色的。香港法例也規定必須使用食用顏料的紅色，如胭脂蟲紅、莧菜紅、赤蘚紅、淡紅、春麗紅4R和誘惑紅。燒烤肉和叉燒都有紅色的外貌，目的是讓消費者有更好的觀感。

增添風味的來源：

豬肉在烹煮時可溶解出一些成味物質，這些成味物質就是浸出物，包括含氮浸出物和非含氮浸出物。含氮浸出物包括核苷酸(Nucleotide)、肌苷(Inosine)、游離氨基酸(Free Amino Acid)和嘌呤鹼(Purine)等。事實上，浸出物的成份、肉的風味和滋味有密切關係，尤其是含氮的浸出物，其含量與肉湯的濃厚鮮美味道，影響至深。浸出物的功效可增進食欲，增加消化液的分泌，利于消化吸收，這是為甚麼人愛吃豬肉的原因。

牛奶與綠生活

現代人常常高呼“減碳綠生活，珍惜資源少浪費，回收重用。”不謀而合者 —— 碩果僅存的康寧牧場，它從種植牧草、買牛飼養，人手取奶、消毒入樽等一站式生產鮮奶，甚至奶樽回收，整個生產程序順應天然生態系統，並奉行了低碳排放的環保理念，新鮮原味，資源重用，雖是產量不多，卻是真心誠意和認真對待每一支鮮奶。拍攝時身處一片綠油油的草地，黑白乳牛在太陽下氣宇軒昂，讓人有置身世外桃源的唯世獨立的超然感覺。

一樽優質牛奶的產生

- 鮮奶需貯藏在0℃～4℃的冰箱貯藏，可保存1星期。
- 牛奶的風味來自乳酸菌活力作用，讓奶味變集中和提升。至於其奶脂含量和奶蛋白會因應奶的濃稠度而有所不同。
- 鮮奶加入穩定劑，可延伸保存期，但卻阻止了乳酸菌的自然繁殖，不會出現凝乳，風味也會喪失。
- 巴施德消毒過程的機器，內有真空夾層，其間會利用蒸氣加熱鮮奶，以作殺菌之功效。
- 大部份細菌在溫度65℃以上便死掉，所以牛奶裏的細菌在這溫度下亦應死去，符合飲用的安全原則。

1 牧場的象草田。

2 割下來的象草。

3 餵飼乳牛。

4 擠牛奶。

5 貯在牛奶瓶。作一系列處理，包括急速降溫、均質過程及加熱(詳見p.135)。

6 注入已消毒的奶樽、入樽。

細說香港牛奶當年今日事

香港的地理環境多樣化，有山川河溪、平原和丘陵地，故早期的香港除了是漁村外，還有畜牧業作副線發展。

早在十九世紀，香港有多家乳業公司經營牧場，包括牛奶公司和九龍維記等，還有大嶼山神樂院出產的鮮奶。

早於1886年，牛奶公司已在香港設置農場，其位置在香港薄扶林道，即現址中華厨藝學院和置富花園一帶，其創建目的是提供清潔和沒有感染的牛奶給市民飲用。那時，該處是一座山，適合種草牧牛，然後揸取鮮奶，以供應香港市場。及至1983年，牛奶公司決定關閉牧場，轉向中國購買鮮奶，繼續出產鮮奶應付市民需求。

另一生產商——九龍維記成立於1940年，宗旨是為本地市民供應牛奶，由於其鮮奶只供應九龍北部，因而得名。及後因添加另一本地人股東，更易名為九龍維記牛奶有限公司。當時的牧場位於現彩雲村的位置，路經清水灣道時，可在路旁看到一個由水泥倒模做成的大型牛奶瓶，這正是維記的地標。在1972年，政府宣布收地興建公屋，牛場和廠房分家，並於1975年正式搬遷，牧場選址在元朗新田；廠房則建於屯門工業區，地方更見寬敞，牛場有21萬平方呎，乳牛數目有300至400頭，而現代化設備的改良也自此開始。到了1984年，基於環保要求、土地發展需求增加以及中國市場的開放等因素，維記將牛場全面遷至廣州。但其在新界大生圍，近現錦繡花園的位置仍設置牛奶廠房，繼續生產。

牛棚

創立於1940年的維他奶國際集團有限公司，以出產豆奶為主，隨著市場變化，現有少量鮮奶製品出售。

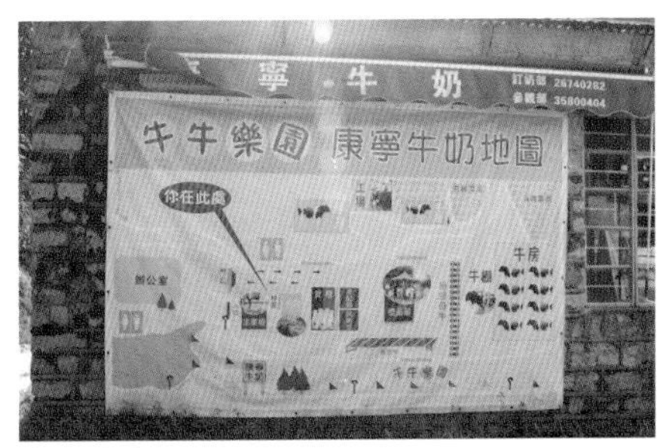

康寧牛奶公司

乳牛待在牛棚內等候餵飼

於1951年建在香港大嶼山熙篤會聖母神樂院(Trappist Monastery)建立的十字牌牛奶，創立目的是按照法國熙篤會的傳統，當時的十多名隱修士和神父選擇了大嶼山大水坑建神樂院，牧牛製鮮奶，自給自足，過著刻苦生活，剩餘的作售賣用途，賺取生活費。隨著修士們和神父年事已高，製作牛奶需動用大量勞力導致製作成本高昂，運送過程複雜，神學院已將十字牌的品牌轉賣給立基控股有限公司，現遷往深圳生產牛奶，而大嶼山的牧場早已停止運作，並遷往元朗大生圍及至深圳繼續生產。

90年代前，有些零星分布的小牧場散聚在打鼓嶺牧牛製奶，但因政府實施污染控制，也已全綫關閉，香港的牧場牧牛製奶，只有碩果僅存位於粉嶺沙頭角的康寧牛奶公司，其成立於1962年，迄今已40多年歷史，它是目前香港唯一同時持有牛群、廠房、行銷等一條龍式的合法牛奶生產供應公司，其主要消售對像是熟客或網上訂購。

香港奶業發展進程

1886年
牛奶公司在香港設置農場

1940年
九龍維記成立

1951年
大嶼山熙篤會聖母神樂院健立十字牌牛奶

1962年
康寧牛奶公司成立

1983年
牛奶公司關閉薄扶林道牧場

1984年
維記將牧場遷至廣州

百分百香港製造的牛奶

在香港99%的牧場已告北移，目前只有康寧牛場仍在本地養牛產奶。位于新界東北區的康寧牛場是香港專門生產有機新鮮純牛奶的供應商，每日可出產鮮奶4000瓶。自1962年由澳洲引進70隻短角乳牛飼養，種草作飼料，利用自然繁殖法培育優質牛。隨著時代進展，1987年從美國入口60隻名種荷蘭牛，而在1997年又從源源牛奶公司購入50隻種牛，以改良牛種，生產更優質牛奶。

零污染牧牛

康寧牛場位於新界鹿頸，人煙稀少，空氣清新。背靠邊境的矮山，得地理環境優勢，有天然山水資源，可大量種植象草供牛隻食用。

飼養方法，順應天然，巧妙運用了原始的食物鏈的循環連鎖關係，采用輪耕法養草作乳牛的飼料。首先把象草的草頭埋在泥土下種植，利用地下水灌溉草田，生長期周期為30天，草成長後便把乳牛放進去食草，每天2~3次，當乳牛吃掉一塊田的象草，就轉到另一塊田，而乳牛吃掉象草時後排出糞便和製奶所產生的污水，成為草田的養份，彼此不斷循環交替，如此輪流耕種放牧，生生不息。也避免了產生環境污染的衛生問題。

牛棚的設計以通爽為主，上下均設有通風位，保持棚內空氣流通，牛棚四周還種有竹林以調節溫度及遮擋太陽。

飼料的成份

香港地理環境潮濕高溫，適合象草生長，牧場會用長長的象草作飼牛的草料，配合乾草、粟米、黃豆、小麥和多種維他命等精料飼養乳牛。為了配合乳牛生長需求的養份，一般會用60%象草和草，配以40%精料。一隻牛所需飼料，以1400磅為基礎，其飼料則是體重的3%，即42磅飼料。當中60%占草料，相等于象草和乾草的總量約25磅，而精料佔40%相等於16磅。

牛奶的處理

牧場工手持抽奶器。

該抽奶器有多個喉管附有吸嘴，當吸嘴放在牛的乳頭上，便會自動泵奶。（圖中的人手代表牛乳頭作示意）

搜集得來的牛奶，暫貯放在特製的奶瓶。

鮮牛奶在1小時內，倒入牛奶冷凍器內冷凍，其溫度約4℃。

轉放均質機器內把牛奶壓榨至水份和乳脂完全融合。

牛奶從喉管轉移到巴施德儀器殺菌機，加熱至溫度達65℃，轉放急凍器。

鮮奶從急凍器入樽，加上封蓋，生產過程完成。

鮮奶正式出世。

看牛奶蓋辨奶質

牛奶蓋通常使用顏色作為標記，讓消費者知道牛奶種類，尤其是味道或脂肪含量，以作參考。

一般情況下，同一地區生產的牛奶分類會使用一致的顏色系統為標記。不同顏色的牛奶瓶蓋幫助消費者迅速地選擇他們想要的牛奶產品而又不需要細看牛奶樽上的標籤，這系統還鼓勵地區之間的一致性。

目前，很多地方以銀色、金色、綠色、藍色或黃色鋁瓶蓋表示脂肪含量。未消毒的牛奶是以綠色瓶蓋表示。而其他奶製品便使用其他顏色標示。瓶子也可以標記或蓋印奶製品的名稱。香港牛奶銷量雖然較少，但進口渠道和入口國家則很多元化。香港出售牛奶的包裝多數是用紙盒，少量是玻璃瓶裝。在一些國家，例如中國和加拿大，人們普遍買用膠袋裝著的牛奶。香港的瓶裝奶，銀蓋表示是鮮奶，金蓋和綠蓋是還原奶。以下列出常見奶蓋資料以供參考：

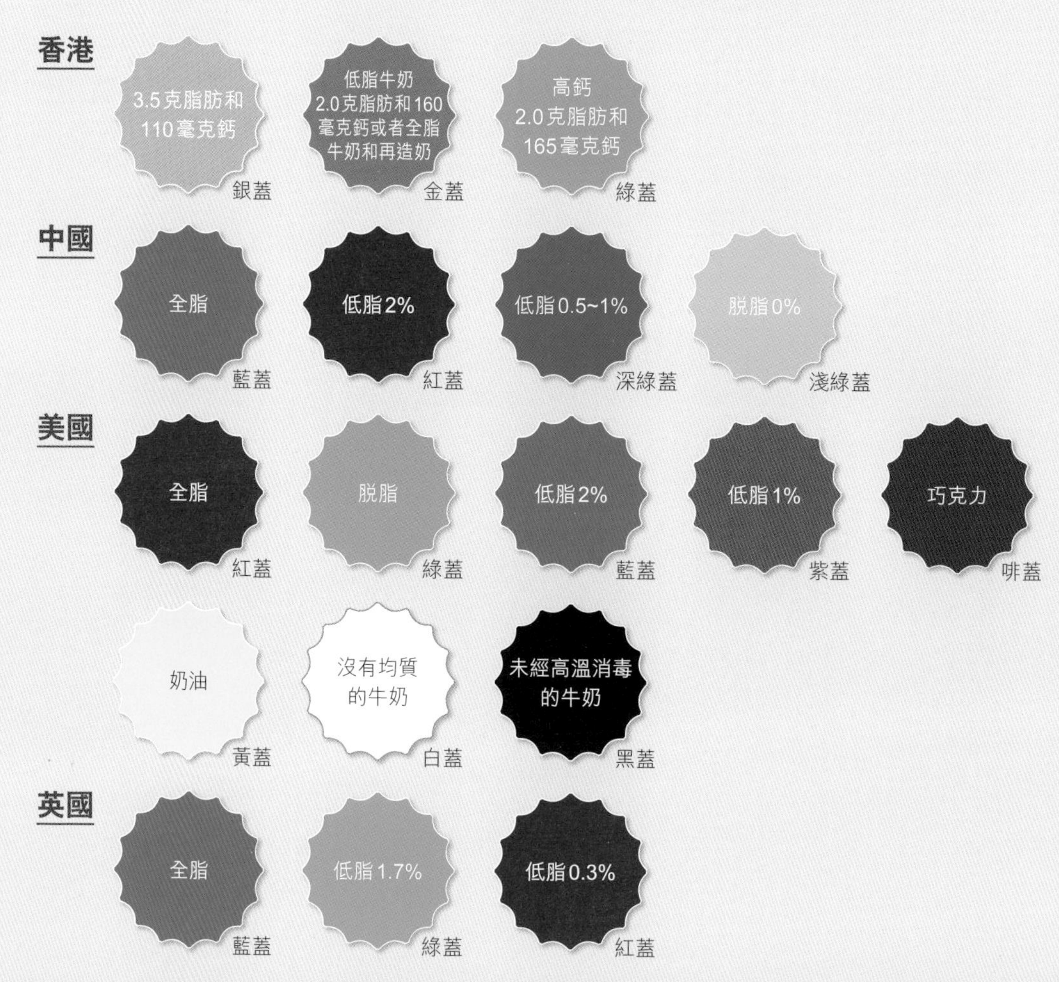

乳牛的成長

一般情況下，牧場主人會在小牛約14個月大，體重達約850磅時，為其開始進行第一次交配成孕，這時的乳牛仍未完全成熟，但卻最適合受孕。

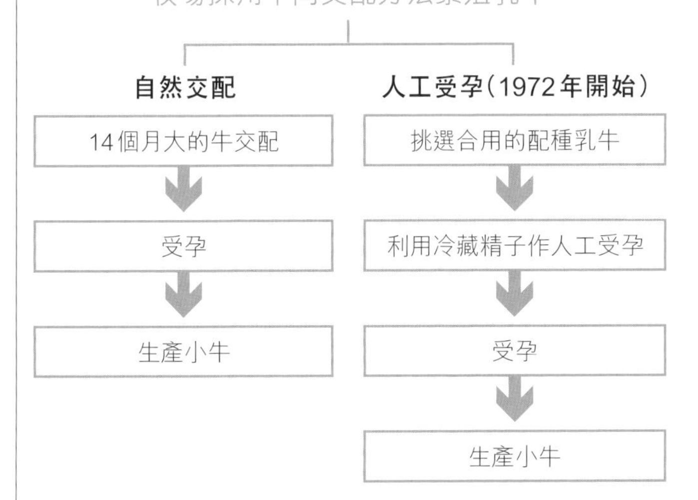

交配期

受孕和分娩期

小乳牛從受精成孕，直至生產約需9個月（283日）的懷孕期。當產下小牛後約60天便可進行交配，但牠們相隔14個月，便可再次懷孕。每隻乳牛平均生產6~7次便告退役，被牧場淘汰。

成長期

剛出生的小牛就叫做犢牛，出生後約30分鐘便可自行站立，體重約數十磅，待其生長至2~3個月間靠人工授乳，此期的牛叫仔牛。離乳後約14~18個月大時，還未懷孕的階段稱便是女牛。因為女牛生長到14~18個月大時，進行受孕，稱為懷孕女牛。當乳牛懷孕約283天產下小牛後，開始分泌乳汁，泌乳期長達300天，這叫泌乳牛。待泌乳期結束，再次懷孕約有2個月期間無法產乳，這時稱為乾乳牛。

優質牛奶來自優良牛種

現代牛隻種源自古代野牛"Aurochs"，主要用途為提供牛奶和肉。可分溫帶牛和熱帶牛兩大類；主要乳牛品種都屬於溫帶牛種，包括荷蘭牛(Holstein)、澤西牛(Jersey)、瑞士黃牛(Brown Swiss)、更賽牛(Guernsey)、愛爾夏牛(Ayrshire)、乳用短角牛(Milking Shorthorn)等六個歐洲牛種。

荷蘭牛

原為Batavian與菲士蘭的黑色和白色牛雜交而成，產乳能力強。是世界古老的乳牛品種之一。美國曾于十九世紀初大量引進和進行改良，檢定產乳能力，並有系譜紀錄。美國荷蘭牛源自德國荷斯登堡(Holsteinburg)地區引進之後裔牛隻，故又稱為Holstein牛，飼養迄今已逾百年，是飼養數目最多的品種(約佔93%)，其乳量是世界之冠。

澤西牛

源於英倫海峽的娟姍島，該島的早期乳牛以奧爾德尼(Alderney)乳牛為主，屬古老乳牛品種，尤以乳量與乳脂量聞名英國。它適應環境的能力良好，耐粗食，故在密集式放牧下亦有良好之性能表現，其抗熱性比較大體型品種為佳，甚受牛農歡迎，故其分布甚廣，如丹麥、澳洲、紐西蘭、加拿大、南美、甚至自南非至日本均現芳踪，現為美國第二大乳牛品種。

瑞士黃牛

原產於瑞士，古老品種之一，以牛乳和肉兼用種。由於其地形崎嶇，多山，大部分可耕地位於平均海拔高度1200英呎以上之中央平原，氣候宜人。每年平均降雨量與美國中西部玉米帶相近，但山區的冬季嚴峻，將牛群圈飼于畜舍過冬；夏季則常有暴風雨侵襲，但豐沛雨水灌溉生長之山區肥沃牧草地，故任乳牛群放牧於此。

世界六大乳牛

品種	荷蘭牛(Holstein)	澤西牛(Jersey)	瑞士黃牛(Brown Swiss)
體重	初生犢仔重達40千克以上 成熟公牛約1,000千克 與成熟母牛 680千克	成孰公牛的體重約680千克 成熟母牛約450 千克	成熟公牛約900千克 成熟母牛約635 千克
產奶量	中	低	中
乳脂含量	低	高	中
蛋白質	3.09%	3.79%	3.56%
備註	為黑白花或紅白花毛色，體態優美且體型大。以其毛色與高泌乳能力見稱。全球第一大乳牛品種。雌牛生長至15月，體重達360千克即可交配，第一次分娩理想年齡為24至27月之間。	按其體型與產乳能力評估，估計每泌乳期可生產體重13倍以上之乳量，所以其生產效率是最高的乳牛品種。毛色範圍廣，可從非常淺灰色至深褐色，一般為淡黃褐色；公牛和母牛在其臀部、頭部與肩部毛色較身體其他部位為深。抗熱性較荷蘭牛為佳，但較神經質且敏感。	毛色為褐色，可從淡褐色至深褐色，鼻口部有淡色環，成熟晚。長壽、四肢健壯，泌乳持續性佳。

更賽牛

原產地為法國北海岸的英倫海峽的更賽，屬中體型乳牛品種，性情溫順，能適應溫熱的環境氣候，可適應集約式放牧等耐粗特性，具產犢困難度低，有效降低飼養管理成本與提升生產效益。與飼料採食量比，其產乳量高，但相對較大乳牛品種，其單位泌乳量之採食量約低 20 － 30%，暫未發現有不利之隱性遺傳缺陷。

愛爾夏牛

源於蘇格蘭之愛爾夏郡，該郡主要分為三區，分別為北部的 Cunningham 區，中部 Kyle 區與南部 Carrick。該品種發展過程中，先後有三個不同的名稱出現，Dunlop, Cunningham 與 Ayrshire。蘇格蘭農民曾用英倫海峽之其他牛種改良愛爾夏牛，遂而成為今日愛爾夏種，體型中等，非常適應該地環境氣候，其效率良好的草食動物，乳房型態與品質均佳、活力良好、具產乳效率之牛種。因其乳成分適合，所以早期蘇格蘭酪農將其牛乳製造忌廉和芝士。

乳用短角牛

源於英格蘭東北部，約在200年前形成之品種，僅為短角牛的一支，係由短角牛加強乳量選育而成，原為中等體型之乳肉兼用品種，體短、健壯，具生產皮革之價值。由於先民對其提供之肉、乳與役用之喜好，故早期引種時常被稱為「達拉謨牛」。

更賽牛(Guernsey)	愛爾夏牛(Ayrshire)	乳用短角牛(Milking Shorthorn)
成熟公牛約770 千克 成熟母牛約500 千克	成熟公牛約840 千克 成熟母牛約545 千克	成熟公牛約860 千克 成熟母牛約640 千克
中	中	低
中高	中高	高
3.57%	3.38%	
毛色為淡褐色與白色相間，在面部、脅部、四肢與尾稍有白斑，鼻為乳黃色。初產年齡小，產犢間距較短。以生產高乳脂與高蛋白質牛乳聞名，還富含 β-胡蘿蔔素。	毛色主要為紅白相間，從淡紅至深紅褐色不等，常有小斑點散佈全身。純種愛爾夏牛僅會產下同樣紅白相間之後裔。	毛色為白色、紅色、紅白相間或紅白混雜，此類毛色少見於其他牛隻品種。

註：所謂低脂肪泛指3~5%，中脂肪則是4%，而高脂肪為5%。(資料來源2004年DHIA)

食物安全的認識

食物安全是近年坊間的熱門話題，它涉及了不可避免和可避免的毒理範疇。前者是動植物與生俱來和細菌腐壞所產生的天然毒素；後者則來自食品添加劑和殘留污染物。

可避免的食品添加劑可分為天然和人工合成兩大類，常用的食品添加劑包括了防腐劑、殺菌劑、抗氧化劑、漂白劑、激素、香味、乳化劑等十多類。其主要用途：

- 提高食物的保存。
- 提升品質和加工需要符合特殊需求。
- 改良食品的風味和外觀。
- 增添營養以及提升商品價值。

殘留污染物來自殺蟲劑、除草劑、化學肥料、抗生素、農藥和獸藥等。其特性是不易被分解，還會積存在食物材料上，特別是動物油脂和內臟、與及植物表面和根部等。它亦可以透過空氣、水源、土壤、飼料、藥物而進入人類的食物鏈，一旦攝取便會積存人體內，不易排出。構成這污染物的常見原因：

- 工業製造與處置不當。
- 農藥或獸藥的劑量過度。
- 不當丟棄的家庭污染物。

常見的殘留污染物有以下數種：

殺蟲劑 Pesticides ｜主要是防止病蟲侵害和蠶食農作物，經噴灑後約有70%附着於農產品，20%滲入泥土，10%散播空氣中。

抗生素 Autibiotres ｜主要用於畜牧業來預防或治療動物疾病，以避免因病死亡而利潤減少，事實上部份海產包括蟹和貴價魚類都會用上抗生素預防疾病。

賀爾蒙 Hormones ｜食物中殘留的賀爾蒙(又稱激素)主要有生長賀爾蒙和性賀爾蒙兩大類，普遍會應用在肉豬、牛、雞、鴨和鵝等。生長賀爾蒙是促進動物肌肉和骨骼的生長速度，令動物成長的時間縮短，快高長大。性賀爾蒙則用作促進蛋白質的合成，加快肌肉生長和使肉質更肥美豐厚。

縱使如比，現時的技術只能夠檢測那些已經知悉和超過安全標準的殘餘物，但無法監管或追查整體的種植和飼養過程，至於個別違規用藥就更難追蹤、搜集證據和作出起訴。所以要完善控制，必須由源頭着手管理，這涉及：

- 良好的農業管理；
- 監察和控制各種農藥、獸藥和添加物的應用；
- 監察相關範圍的空氣、水源和土壤及；
- 農產品檢驗等，然後利用有機農場認證制度。

本地有機食物認證和標籤

「有機食物」是信譽佳，天然健康的產品，通常指從生產、處理、加工到銷售階段，按照有機標準生產，並經來源地認證或管理當局書面證明認證的食物。

有機產品的特徵如下：

- 注重保持產品的天然成份
- 不施用化學肥料或化學農藥
- 不施用人工合成物料
- 不施用基因改造

很多人會問，為何要選擇有機產品？答案十分簡單，因為：

含有較少化學物質｜在有機生產的理念下，所有生產及加工處理過程均只允許在有限制的情況下施用化學物質。

較為安全健康｜有機耕作不使用化學肥料及化學農藥，並重視生產過程，所以重金屬及致癌的硝酸鹽含量較低。

生產過程不含基因改造成份｜在有機生產的理念下，所有生產及加工處理過程均不可使用任何基因改造生物及其衍生物。

保持食物原來味道｜有機農業提倡保持產品的天然成份，因此可以保持食物的原來味道。

保護土壤｜土壤退化及污染日趨嚴重，而土壤作為生產糧食的基本要素，人類必須對之加以保護。有機農業要求的土壤保護措施，是希望恢復和維持土壤的生命力，令土壤能繼續為人類提供足夠而優質的食物。

有機認證

從外觀上而言，消費者很難分辨有機產品與非有機產品，即使該產品的生產者聲稱利用有機方法生產，消費者亦根本無從稽考。因此市場便需要一個獨立的第三者機構，來為生產過程作檢查，從而證明生產者是利用有機方法生產該產品，這就是有機認證了。

有第三者作有機認證的產品

主要是入口貨，產品包括各種加工食物及飲品。通常由產地完整包裝，包裝上常有「Certified Organic」(經認證的有機產品)、「 Certified by xxx 」(由 xxx 認證)及 / 或附有有關認證機構的標誌等資料，有些更可能有國際有機農業運動聯盟(IFOAM)或美國農業部(USDA)的認可標誌。所謂第三者，是指獨立於生產者及消費者或買賣雙方的機構，經過第三者作認證的有機產品，對消費者而言，是信心的保證。

認證包括定期及不定期的農場及設施檢查，詳細活動紀錄，以及在有需要時進行泥土、水質及產品化驗，以確保生產者的生產過程達到標準。由於這個認證，是表示產品的生產或加工處理程序，符合標準，沒有使用農藥、對環境友善等，因此這個標籤是一個「生產程序的保證」(process guarantee)，而非一個直接的「產品質素的保證」(product guarantee)。當然，由於產品的生產程序符合了一套標準，故此產品的質素亦會達到某一個水平。

本港有機認證

香港有機資源中心認證

「香港有機資源中心」英文簡稱「HKORC」是首個獲蔬菜統營處農業發展基金撥款，負責建立本地有機產品認證系統，以進一步推動本地有機農業發展的非牟利機構。其管理的香港有機資源中心認證有限公司，負責處理有機產品認證的申請事宜。

有機認證標誌分3種:

有機產品	產品含有不少於95%其公司認可組織認證的有機材料(不包括水和鹽)，並經其公司認證的設施加工處理，可使用此標誌。	
轉型期內 生產的農產品	培植不同作物的農地有不同的轉型期。培植一年生作物(如蔬菜、穀物)的農地轉型期需要不少於18個月；培植多年生作物(如果樹)的農地轉型期需要不少於24個月。 農地在轉型期所生產的作物可使用此標誌，但不可以標籤為「有機產品」。	
含有機成分產品	產品含有不少於70%但不多於95%其公司認證或經其公司認可組織認證的有機材料(不包括水和鹽)，並經其公司認證的設施加工處理，可使用此標誌，但不可以標籤為「有機產品」。 產品含有少於70%經其公司認證的有機材料(不包括水和鹽)，不可使用其公司的標誌。	

香港有機認證中心（HKOCC）

香港有機認證中心（HKOCC）為香港首個有機認證單位，由香港有機農業生態研究協會主辦及統籌，香港幼聯及華南農業大學合辦，為中國提供有機認證及培訓更高的有機農業管理技術專業水平。香港有機認證中心從 1998 年開始為特區及華南地區作有機認證，主要認證產品有；有機米、有機茶、有機荔枝、龍眼、有機蔬菜及香草等。

全有機產品	表示該農產品在持續實施有機農法生產規例並按照其中心轉有機及有機農法執行基準3年以上及經評定後的農地所栽培出來。	全有機產品 Organic Product 香港有機認證中心驗證 A 000001
轉有機產品	表示該農產品在持續實施有機農法生產規例並按照其中心轉有機及有機農法執行基準6個月以上，但未滿3年的農地所栽培出來。	轉有機產品 Organic-in-conversion Product 香港有機認證中心驗證 OIC - A 000001

註：1. 香港有機資源中心提供有機生產的認證服務，包括有機農產品、有機水產品和有機加工。
2. 近年來不單只服務香港農業，更配合了國際有機認證常規IFOMA與國際接軌。

有用網站資料

香港有機資源中心
網址：www.hkorc.org

香港有機資源中心認證有限公司
網址：www.hkorc-cert.org

漁農自然護理署
網址：www.afcd.gov.hk

蔬菜統營處(菜統處)
網址：www.vmo.org

新界蔬菜產銷合作社有限責任聯合總社(菜聯社)
網址：www.fedvmcs.org

菜聯社——有機種植社群辦公室
網址：www.hongkongfarmersmarket.org/

嘉道理農場暨植物園
網址：www.kfbg.org.hk/kfb/

香港有機生活發展基金
網址：www. SEED.org.hk

推廣漁農產品的機構

漁農自然護理署 www.afcd.gov.hk

漁農自然護理署主要是確保本港市民能享用安全、穩定的新鮮副食品，以及管理自然環境，維護自然環境及生態系統的承傳，並有秩序和有效地產銷漁農產品；執行有關管制動植物及除害劑的規例。

再者這署會提供技術服務，內容包括：

(i) 就影響漁農業發展的工程評估，繼而按需要予漁農業者發放特惠金。

(ii) 管理農用陂頭；簽發禽畜農場、海魚養殖場牌照。

(iii) 協助有關動植物及製成品的出口貿易。

(iv) 監管除害劑及禽畜農場用藥以保障公眾衞生。

(v) 監管儲蓄互助社及合作社。

職責功能

1 漁農事宜及新鮮副食品批發市場：促進漁農產品的生產及提高漁農業生產力。

2 自然護理及郊野公園：護理動植物及自然生境；指定及管理郊野公園、特別地區、海岸公園及海岸保護區；以及規管在本港進行的瀕危動植物物種國際貿易 。

3 動植物及漁業監管及技術服務：透過執行有關法例來監管動物的福利和控制動植物的病害；保障公眾衛生；保護及規管漁業；以及提供技術支援服務。

蔬菜統營處（菜統處）www.vmo.org

根據1940年防衛條例，港英政府制定法定權力，實施管理九龍及新界地區的蔬菜搬運與發售，成立蔬菜統營處以協助戰後本地農民再次投入生產，以求改善農村社會及經濟情況。初期的批發市場設於油麻地，及後因擴展業務而於1965遷入長沙灣至今。再者，蔬菜批發市場的輔助組織 —— 蔬菜產銷合作社接管大部份蔬菜統營處之收集站，並承擔上述運銷業務，現有26個蔬菜產銷合作社設立。事實上菜統處仍有2個收集站繼續為農民提供收集、秤量蔬菜及辦理有關文件服務。

蔬菜統營處設立及管理蔬菜批發市場及其輔助組織，工作範圍包括：

(i) 制定有效率及系統化的經銷制度，批發新鮮，安全的蔬菜供市民食用。

(ii) 創造公平，公正的營商環境，使生產者得以銷售產品及獲取合理回報；消費者可用合理價錢買到所需。

(iii) 扶助本地農業的發展。

(iv) 為本港市民提供安全優質、供應穩定又充裕的新鮮蔬菜，以協助本地農業達至可持續發展。

新界蔬菜產銷合作社有限責任聯合總社（菜聯社）www.fedvmcs.org

菜聯社是一個農民組織，屬下26個蔬菜產銷合作社，以協助農民將新鮮蔬菜運到批發市場批銷，從中扣除佣金作日常營運開支。

農民與蔬菜產銷合作社建基於互相信任的理念下交收農產品，增強蔬菜流通，提高生產，改善農村生活條件，鞏固農村經濟。為了發揮品牌效應，菜聯社協助推動信譽農場及「好農夫信譽蔬菜」計劃，並由漁農自然護理署、菜統處及本地農民以源頭管理、種植監管、正確使用認可農藥、保證產品的安全標準，並設立可辨認該菜安全產品以保障市民健康及生產者利益，建立香港人食用本地菜的信心。

此外，菜聯社設立『有機種植社群辦公室』的內部管理系統，負責管理有機農民的耕作，處理有機認証事務，開拓社區為本的推廣市場策略，將有機耕作帶到香港各社區，從而推動有機耕作的發展。此『有機種植社群計劃』亦提高本地有機蔬菜質素以增加競爭力，提高價格，增加農民收入，改善有機農民的生活條件。

農墟的地址資料

大埔農墟

地址：大埔太和路（消防局側）

網址：http://hongkongfarmersmarket.org/

時間：逢星期日上午9:00~下午5:00
（個別日子除外）

主辦：菜聯社有機種植社群辦公室

嘉道理農場有機農墟

地址：大埔林錦公路嘉道理農場暨植物園

網址：http://www.kfbg.org.hk/kfb/introwithreport.xml?fid=168&sid=307

時間：每月首個星期日上午9:30~下午5:00
（個別日子除外）

主辦：嘉道理農場暨植物園

有機農墟@中環

地址：中環天星碼頭（七號碼頭）

網址：http://www.climatechange.hk/cht/
：FarmersMarket.aspx

時間：逢星期日上午11:00~下午5:00
（個別日子除外）

主辦：嘉道理農場暨植物園及大埔環保會

農墟（中環天星碼頭）——逢週三

地址：中環天星碼頭（七號碼頭）

網址：http://www.seed.org.hk/chi/03_e.htm

時間：每逢週三中午12:00 ~下午6:00
（個別日子除外）

主辦：香港有機生活發展基金

屯門農墟

地址：屯門青山公路2號國際十字路會

網址：http://hongkongfarmersmarket.org

時間：逢星期六上午10:00~下午4:00
（個別日子除外）

主辦：菜聯社有機種植社群辦公室

美孚有機農墟

地址：葵湧道架空道路下（美孚段）

網址：http://www.facebook.com/pages

時間：逢星期日上午11:00~下午5:00

主辦：香港基督教青年會

屯門藍地農墟

地址：屯門藍地菜場

網址：http://hongkongfarmersmarket.org

時間：逢星期日上午9:00~下午3:00
（個別日子除外）

主辦：菜聯社有機種植社群辦公室

香港休閒農場地址和簡介

富琴有機火龍果生態農莊

地址：上水古洞鐵坑村
電話：6590 9268 / 9131 9192
傳真：2668 3716
電郵：yanfuqin@yahoo.com.hk
網址：http://www.hkpitaya.com
開放時間：星期一至日(09:00~17:00)

樂活有機農莊

地址：上水唐公嶺長瀝村
電話：2671 8191 / 9282 1388
傳真：2671 8173
電郵：inf@organic.org.hk
網址：http://www.organic.org.hk
開放時間：星期一至日(10:00~16:00)

天光甫有機士多啤梨自摘園

地址：上水天光甫村
電話：9377 4599 / 9768 3760
網址：http://www.yl.hk/tkpsb
開放時間：星期一至日(08:00~18:30)

天地有機田園

地址：上水唐公嶺長瀝村
電話：9689 3956
電郵：hande_farm@hotmail.com
開放時間：星期一至日(10:00~18:00)

假日農場

地址：上水大龍坑62號C
電話：2670 2345
傳真：2668 2573
電郵：info@hkhfarm.com
網址：http://www.hkhfarm.com
開放時間：星期一至日(10:00~17:00)

夢園有機園圃

地址：上水華山村
電話：9803 1261
電郵：dreamgarden2011@yahoo.com.hk
開放時間：星期一至日(09:00~17:00)

嘉道理農場暨植物園

地址：大埔林錦公路
電話：2483 7200
傳真：2483 6702
電郵：info@kfbg.org
網址：http://www.kfbg.org
http://www.facebook.com/
kadoorieFarmAndBotanicGarden
開放時間：星期一至日(09:30~17:00)
(下午4時後謝絕遊客進場)

菜聯社林村有機農場

地址：大埔林村坑下莆(川背龍)
電話：2471 1169
傳真：2482 1785
電郵：info@cggorganic.org
網址：http://www.cggorganic.org
開放時間：星期一至五(09:00~17:00)
星期六(09:00~12:00)

大埔林村有機農場
地址：大埔林村塘上村
電話：5393 0010
開放時間：星期一至日(09:00~18:00)

德信有機農場
地址：大埔塘上村矮崗18號
電話：9250 3023
電郵：lgtt2010@yahoo.com.hk
開放時間：星期一至六(10:00~17:00)

田氏山莊英記農場
地址：大埔放馬莆25號C
電話：9717 7328 / 2658 7380
開放時間：星期一至日(08:00~18:00)

青坪農場
地址：大埔圍頭村崋地175號
電話：6709 9290
電郵：greenpatch_001@yahoo.com.hk
開放時間：星期一至五(10:00~15:00)

Fonley Organic Farm
地址：大埔圍頭村
電話：9046 7468
電郵：fonleyorganic@gmail.com
網址：http://fonleyorganicfarm.blogspot.com
開放時間：星期一至六(09:00~13:30)

樹屋田莊
地址：大埔林村新塘下村26A2
電話：2658 2618 / 5111 6712
傳真：3011 6334
電郵：treetopcottage@hotmail.com
網址：http://treetopcottage.org
開放時間：星期一至日(09:00~17:00)

金滿記農場
地址：大埔泰亨灰沙圍117號
電話：9662 6284
開放時間：星期六至日(09:00~18:00)
公眾假期(09:00~18:00)

匡智園
地址：大埔南坑匡智松嶺村
電話：2689 1384 / 2689 1307
傳真：2664 6030
電郵：fs_ti@hongchi.org.hk
網址：http://www.hongchi.org.hk
開放時間：星期一至六(08:00~16:30)

裕豐田 Wonder-Land Farm

地址：大埔圍頭村輋地55A2
電話：9387 8045 / 3482 6969
電郵：wonderlandfarm@ymail.com
開放時間：星期六至日(10:00~17:00)

俊君有機農場

地址：大埔坳仔村
電話：9177 7741
網址：bugsbunnyamy@yahoo.com.hk
開放時間：星期一至日(13:00~19:00)

蓮澳有機農場

地址：大埔蓮澳村
電話：9125 2210
開放時間：星期一至日(09:00~17:00)

美思蘭場 暨 香草王國

地址：西貢飛鵝山百花林路
電話：9010 2789 / 2321 0452
電郵：herb.queen@ymail.com
開放時間：星期一至日(09:00~22:00)

綠庭園環保農莊

地址：沙田馬鞍山大水坑200號(單車公園側)
電話：2631 9504
傳真：2631 9506
電郵：greenhome@swa.org.hk
網址：http://www.swa.org.hk/green.php
開放時間：星期四至二(09:00~17:00)

園藝農場

地址：西貢十四鄉井頭村131號
電話：2792 8164
傳真：2792 8994
電郵：nscfarm@netvigator.com
網址：http://www.hkgardenfarm.org
開放時間：星期二至日(09:00~17:00)

Milk & Honey Organic 應許地有機耕種

地址：西貢蠔涌谷
電話：6406 9979
電郵：gaolisi@gmail.com
網址：http://www.milkandhoneyorganic.com
開放時間：星期一至日(09:00~18:00)

清新地有機悠閒莊園

地址：西貢清水灣白水碗(近科技大學)
電話：2723 3126 / 5112 9195
傳真：2366 0043
電郵：cabbage@naturesharvest.com.hk
網址：http://www.naturesharvest.com.hk
開放時間：星期一至日(09:00~17:00)

自然有機農場

地址：沙田馬鞍山馬鞍山村馬鞍橋19號
電話：2642 9019 / 9176 9488
傳真：2642 9019
電郵：saichakwong@yahoo.com.hk
Facebook 專頁：自然有機農場
開放時間：星期六至日(09:30~16:00)

本地常見作物收獲時間表

作物/月份	1月	2月	3月	4月	5月	6月
葉菜類						
菜心	✓	✓	✓	✓	✓	✓
白菜	✓	✓	✓	✓	✓	✓
芥蘭	✓	✓	✓	✓		
生菜	✓	✓	✓	✓		
羅馬生菜	✓	✓	✓	✓	✓	
油麥菜	✓	✓	✓	✓	✓	✓
小棠菜	✓	✓	✓	✓	✓	✓
菠菜	✓	✓	✓	✓		
茼蒿	✓	✓	✓			
芥菜	✓	✓	✓	✓	✓	✓
西芹	✓	✓	✓			
根莖類						
紅菜頭	✓	✓	✓	✓		
芥蘭頭	✓	✓	✓	✓		
甘筍	✓	✓	✓			
白蘿蔔	✓	✓	✓	✓	✓	
番薯					✓	✓
芋頭	✓					

以上資料由蔬菜統營處提供

7月	8月	9月	10月	11月	12月

作物/月份	1月	2月	3月	4月	5月	6月
瓜果類						
粟米	●				●	●
番茄	●	●	●	●	●	●
茄子	●	●	●	●	●	●
秋葵	●	●	●	●	●	●
青瓜				●	●	●
苦瓜				●	●	●
白玉苦瓜						●
魚翅瓜	●	●	●	●		
小南瓜	●	●	●	●		
翠玉瓜	●	●	●	●		
冬瓜					●	●
生果類						
西瓜						●
士多啤梨	●	●	●			
荔枝					●	●
芒果						●
龍眼						
楊桃	●	●				
番石榴	●	●				
香蕉	●	●	●	●	●	●
木瓜	●	●	●	●	●	●
黃皮						●

以上資料由蔬菜統營處提供

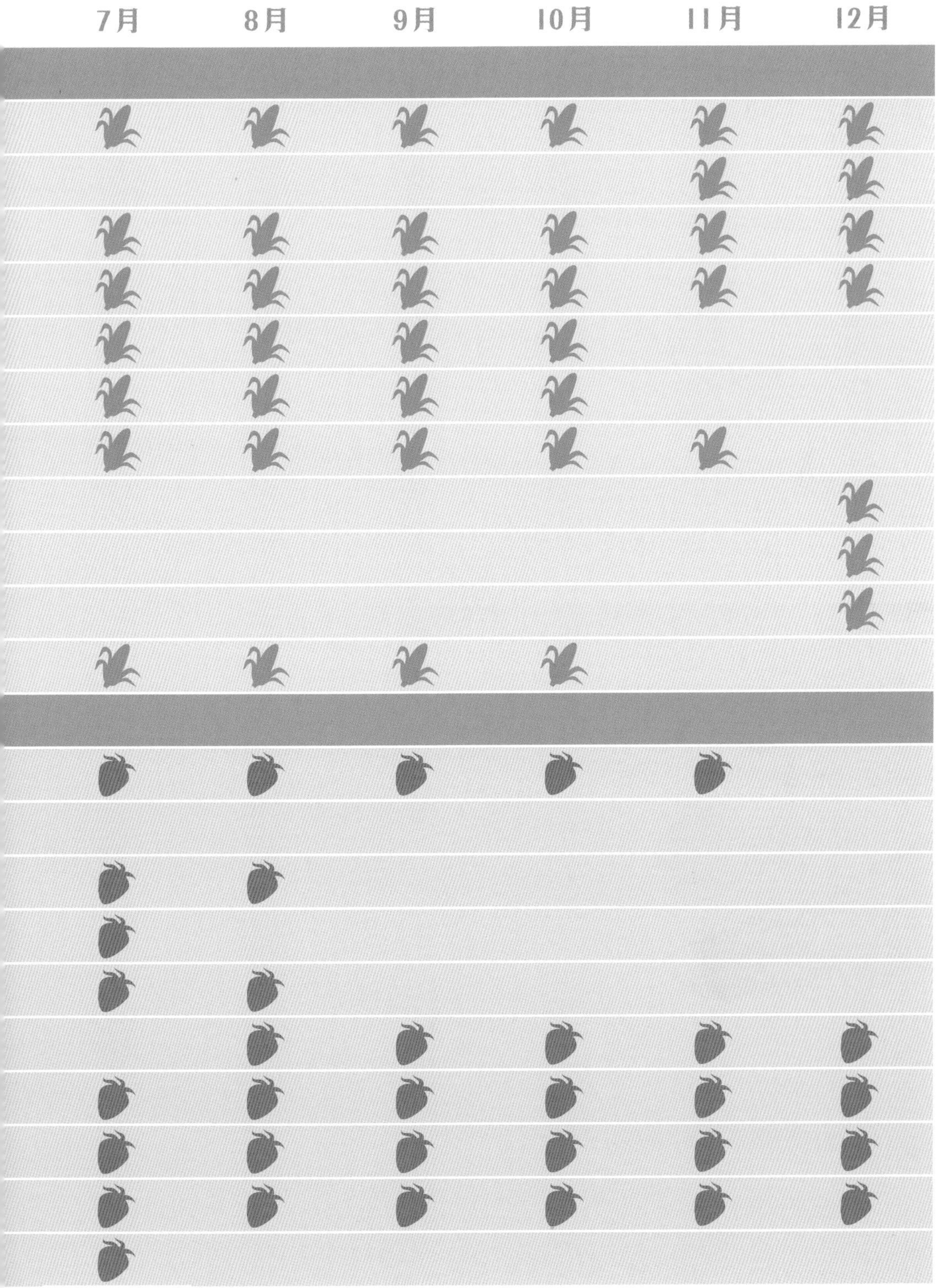

7月	8月	9月	10月	11月	12月

食譜

梅菜蒸豬肉

材料：絞瘦豬肉200克，肥豬肉100克，梅菜芯80克，蒜頭2粒

調味料：生粉1湯匙，水4湯匙，生抽1茶匙，鹽3/4茶匙，糖1茶匙，油1湯匙，麻油少許

製法：

1. 梅菜芯洗淨，用清水浸半小時，瀝乾，切碎。蒜頭剁成蒜茸。
2. 把絞瘦豬肉加入生抽、鹽、糖和水，拌勻後放15分鐘。
3. 把絞肉用筷子順單方向攪拌至起膠，然後用手把肉團拿起用力撻回碗中，重複多次。
4. 把切好的肥豬肉粒混進肉團中拌勻。把梅菜碎、蒜茸和油、麻油、生粉一同加進肉餅中拌勻。
5. 把肉放入碟中，用微波爐保鮮紙封住碟面，大火蒸約8到10分鐘即成。

生炒排骨

材料：排骨300克，青、紅甜椒各半個，洋蔥半個，罐頭菠蘿1小罐，蒜頭2粒

調味：生抽1/4湯匙，鹽、糖各1/4茶匙，酒1/2茶匙，雞蛋1隻，麵粉4湯匙，油250克

甜酸汁材料：浙醋、紅糖各4湯匙

製作：

1. 排骨切成小塊，汆水，瀝乾，備用。蒜頭剁成蒜茸。洋蔥切塊、青紅椒和罐頭菠蘿切成小塊。
2. 浙醋和紅糖拌勻，至紅糖融化。
3. 排骨加蒜茸、生抽、鹽、糖和酒拌勻，醃15分鐘。
4. 雞蛋打勻，和排骨拌勻。再用麵粉把排骨包裹。
5. 起油鑊，用中小火把排骨分批炸至金黃，盛起備用。盛起炸油，只留1湯匙在鑊中。
6. 用中火把洋蔥炒軟，加進青椒快炒幾下，加入糖醋同炒至稠，再放入炸過的排骨同炒到糖醋完全附在排骨上，最後放入菠蘿拌勻。

菜乾煲豬踭

材料：豬踭600克、菜乾100克、南杏15克、北杏10克、羅漢果半個、薑3片。

製作：

各配料分別稍浸泡、洗淨，先把南、北杏去衣；豬踭洗淨，切厚件。一起與生薑放進瓦煲內，加入清水2500毫升(約10碗水量)，武火煲沸後，改為文火煲約2小時，調入適量食鹽便可。菜乾、豬踭可撈起伴醬油佐餐用。

鹽水雞

材料：光雞1隻(淨計約1500克)，蔥1條，乾蔥頭6粒(略拍)，上湯3~4公升，香葉3片，新鮮沙薑40克(切片)

醃料：沙薑茸1茶匙，鹽1茶匙

製作：

1. 光雞洗淨，去掉內臟，沙薑茸及鹽拌勻，塗抹全隻雞身內外。
2. 上湯加入香葉、新鮮沙薑片、蔥和乾蔥頭煮沸，中火煲約10分鐘。
3. 放入光雞，以小火浸雞約20分鐘。
4. 取出雞，用針刺入雞腿，沒有血水流出，表示雞熟透，方可取出。如未熟透，再浸片刻。
5. 把雞放入冰水過冷，令雞皮變得爽脆，或把雞直企，讓雞水流出，味道集中，待冷切件。

脆皮雞

材料：光雞1隻(約1500~1800克)

醃料：薑汁1茶匙，鹽1湯匙，糖1湯匙，五香粉1/4茶匙，金蒜1茶匙

上皮料：沸水150克，麥芽糖38克，浙醋1湯匙，紹興酒2茶匙

製作

1. 光雞挖去內臟和肥膏，洗淨，放入滾沸水中氽水，撈出，然後把醃料塗抹在雞膛內。清洗雞皮。
2. 上皮料拌勻，隔熱水中蒸融，均勻地淋在雞皮上數次，把雞吊於通風處，風乾4小時，期間切勿觸摸。
3. 燒油一鍋至冒煙，用手鉤執雞，以湯勺把油澆在雞身，直至雞皮變色和變脆，確保雞全熟，需時約25～28分鐘。

砂鍋洋蔥雞

材料：光雞 1/2隻，洋蔥1個，薑6片

醃料：薑汁、生抽各1湯匙，老抽1/2湯匙

汁料：生抽1湯匙，蠔油2湯匙，糖1/2茶匙，麻油、胡椒粉各少許

芡汁料：生粉1茶匙，水2湯匙

製作

1 光雞洗淨，抹乾，以醃料醃10分鐘；洋蔥洗淨，去衣切塊。

2 燒熱油，下光雞爆至金黃，盛起。

3 砂鍋中燒熱油，爆香薑和洋蔥，光雞回鑊，加汁料煮滾，蓋上蓋，改用中慢火燜熟，取出雞，斬件，排放碟上。

4 芡汁料煮滾，淋於雞件上，即成。

香港食材圖鑑

作者
袁仲安

顧問
郭銘祥　李蘊樺　黃蘊芝

編輯
郭麗眉

攝影
幸浩生　優靜　野草

封面設計
王妙玲

版面設計
阮珮賢

出版
萬里機構・飲食天地出版社
香港鰂魚涌英皇道1065號東達中心1305室
電話：2564 7511　傳真：2565 5539
網址：http://www.wanlibk.com

發行
香港聯合書刊物流有限公司
香港新界大埔汀麗路36號中華商務印刷大廈3字樓
電話：2150 2100　傳真：2407 3062
電郵：info@suplogistics.com.hk

承印
美雅印刷製本有限公司

出版日期
二〇一四年二月第一次印刷
二〇一八年八月第二次印刷

ISBN 978-962-14-5078-4

萬里機構

萬里 Facebook